Herbert von Karajan

Musik und Mathematik

Salzburger Musikgespräch 1984
unter Vorsitz von Herbert von Karajan

Herausgegeben von
Heinz Götze und Rudolf Wille

Springer-Verlag
Berlin Heidelberg New York Tokyo

Dr. Dres. hc Heinz Götze
Springer-Verlag
Tiergartenstraße 17, D-6900 Heidelberg

Prof. Dr. Rudolf Wille
Fachbereich Mathematik, Technische Hochschule
Schloßgartenstraße 7, D-6100 Darmstadt

Mit 16 Abbildungen

ISBN-13: 978-3-540-15407-5   e-ISBN-13: 978-3-642-95474-0
DOI: 10.1007/978-3-642-95474-0

Das Werk ist urheberrechtlich geschützt. Die dadurch begründeten Rechte, insbesondere die der Übersetzung, des Nachdruckes, der Entnahme von Abbildungen, der Funksendung, der Wiedergabe auf photomechanischem oder ähnlichem Wege und der Speicherung in Datenverarbeitungsanlagen bleiben, auch bei nur auszugsweiser Verwertung, vorbehalten. Die Vergütungsansprüche des § 54, Abs. 2 UrhG werden durch die „Verwertungsgesellschaft Wort",
München, wahrgenommen.

© by Springer-Verlag Berlin Heidelberg 1985
Softcover reprint of the hardcover 1st edition 1985

Gesamtherstellung: Beltz Offsetdruck, Hemsbach/Bergstr.
2144/3140-5432

Inhaltsverzeichnis

Gesprächsteilnehmer
V

Vorwort
VII

Grußwort von Walther Simon
IX

Heinz Götze
Einführung in das Musikgespräch
1

VORTRÄGE

Rudolf Wille
Musiktheorie und Mathematik
4

Helga de la Motte-Haber
Rationalität und Affekt – Über das Verhältnis von mathematischer
Begründung und psychologischer Wirkung der Musik
32

Wolfgang Metzler
Schöpferische Tätigkeit in Mathematik und Musik
45

DISKUSSION
MIT VORBEREITETEN BEITRÄGEN

Karin Werner-Jensen
Mathematik und zeitgenössische Komposition – eine Umfrage
64

Dana Scott
From Helmholtz to Computers
71

Guerino Mazzola
Sechs Thesen zur Rolle der Mathematik für die Musik
75

Violeta Dinescu
Gedanken zum Thema „Kompositionstechnik und Mathematik"
77

David Epstein
Mathematics, Structure and Music: Performance as Integration
79

Ausschnitte aus dem Gespräch der Teilnehmer
82

VORSTELLUNG RECHNERGESTEUERTER MUSIKINSTRUMENTE
91

Guerino Mazzola
$\mathbb{M}(2,\mathbb{Z}) \setminus \mathbb{Z}^2$-o-scope
92

Bernhard Ganter, Hartmut Henkel, Rudolf Wille
MUTABOR
95

Gesprächsteilnehmer

Violeta Dinescu
Kulturzentrum Alte Hauptfeuerwache, Brückenstraße 2–4,
D-6800 Mannheim

Prof. Dr. David M. Epstein
Dept. of Music, M.I.T., Cambridge, Mass. 02139/USA

Dr. Dres. hc Heinz Götze
Springer-Verlag, Tiergartenstraße 17, D-6900 Heidelberg

Herbert von Karajan
Festspielhaus, A-5010 Salzburg

Dr. Guerino Mazzola
Wangenstraße 11, CH-8600 Dübendorf

Prof. Dr. Wolfgang Metzler
Fachbereich Mathematik, J.W. Goethe-Universität,
D-6000 Frankfurt 1

Prof. Dr. Helga de la Motte-Haber
Institut für Kommunikationswissenschaft (Musikwissenschaft),
Technische Universität, D-1000 Berlin 12

Prof. Dr. Dana Scott
Dept. of Computer Science, Carnegie-Mellon University,
Pittsburgh, Penn. 15213/USA

Prof. Dr. Walther Simon
Wiedemayerstraße 25, D-8000 München 22

Dr. Karin Werner-Jensen
Panoramastraße 8, D-6907 Nußloch

Prof. Dr. Rudolf Wille
Fachbereich Mathematik, Technische Hochschule,
Schloßgartenstraße 7, D-6100 Darmstadt

Vorwort

Am 24. April 1984 fand unter Vorsitz von Herbert von Karajan das 15. Salzburger Musikgespräch (Ostersymposion) im Landesstudio des Österreichischen Rundfunks statt. Die Salzburger Musikgespräche, die von der Herbert von Karajan-Stiftung jeweils im Anschluß an die Osterfestspiele veranstaltet werden, stehen unter dem umfassenden Thema „Mensch und Musik", das jährlich in unterschiedlicher Ausprägung von namhaften Fachvertretern diskutiert wird. So wurden in den vergangenen Jahren Themen wie „Musik und Philosophie", „Musik und Naturwissenschaft", „Musik und Nervensystem" sowie „Musikerleben und Zeitgestalt" behandelt.

Daß die Musikgespräche auch für außergewöhnliche Zusammenhänge offen sind, erweist die Wahl des Themas „Musik und Mathematik" für 1984. Obwohl dieses Thema seit der Antike immer wieder die Menschen fasziniert hat, muß die Frage, was Musik und Mathematik heute einander bedeuten, als weitgehend unbeantwortet gelten. So konnte das Musikgespräch nur ein Versuch sein, sich auf das Gemeinsame zu verständigen und zu weiteren Auseinandersetzungen mit dem Thema anzuregen. In dem Musikgespräch hat das Thema „Musik und Mathematik" eine vielseitige Behandlung schon dadurch erfahren, daß die aktiven Teilnehmer ein breites Fachspektrum repräsentieren: von der Musikwissenschaft bis zur Musikinterpretation und Komposition, von der Mathematik bis zur Informatik.

Der Ablauf des Musikgesprächs brachte am Vormittag nach Begrüßung und Einführung drei Vorträge, die auf das Thema aus Sicht der Mathematik, der Musikwissenschaft und des Schöpferischen in beiden Bereichen eingingen. Am Nachmittag begann das Gespräch der Teilnehmer mit fünf vorbereiteten Diskussionsbeiträgen, in denen das Thema in seiner Aktualität für die Komposition, den Instrumentenbau, die Musikdarbietung und die Musikforschung erörtert wurde. In dem dann folgenden Gespräch wurden viele der Anregungen aufgegriffen und weiter diskutiert. Zum Abschluß wurden zwei rechnergesteuerte Musikinstrumente vorgestellt, die für Untersuchungen zur mathematischen Musiktheorie entwickelt worden sind. Der vorliegende Band, der das Salzburger Musikgespräch 1984 dokumentiert, dürfte die erste Zusammenschau dieser Art für das Verhältnis von Musik und Mathematik sein. Wir hoffen, daß er zur weiteren Beschäftigung mit dem Thema anregt.

Die Herausgeber danken allen Gesprächsteilnehmern, die durch ihre Beiträge das Salzburger Musikgespräch 1984 erfolgreich gestaltet haben. Dem langjährigen Organisator der Salzburger Musikgespräche, Herrn Walther Simon, gebührt besonderer Dank. Vor allem sind wir der Herbert von Karajan-Stiftung sehr verbunden für die finanzielle Unterstützung des Symposions sowie für einen großzügigen Zuschuß zu den Druckkosten. Am Schluß soll nochmals demjenigen ausdrücklich gedankt werden, der durch Idee und Konzeption der Salzburger Musikgespräche Grundlage und Rahmen geschaffen hat für die anregenden Gespräche: Herrn Herbert von Karajan.

Im Februar 1985   Heinz Götze   Rudolf Wille

Grußwort von Walther Simon

Meine sehr verehrten Damen und Herren, ich begrüße Sie im Namen von Herrn Herbert von Karajan sehr herzlich zum 15. Ostersymposion in Salzburg. Herr von Karajan hat sich neben der künstlerischen Aufgabe vorbildlicher und mitreißender Interpretationen des verpflichtenden musikalischen Erbes der Vergangenheit (und Gegenwart) stets in weitschauender und verständnisvoller Weise um die Erhellung der wissenschaftlichen Grundlagen und der soziologischen Bedingungen des Musikerlebens bemüht. Er hat für die Diskussionen dieses komplexen Bereiches im Rahmen der Herbert von Karajan-Stiftung die Möglichkeit von Symposien geschaffen, die, über das eigentliche – und wesentliche – Musikerlebnis hinausgehend, Wege zum besseren und umfassenderen Verständnis des Phänomens Musik aufzeigen sollen.

In den Jahren nach dem zweiten Weltkrieg, als alles in Schutt und Asche lag, hielt Nicolai Hartmann in Göttingen sein berühmtes Kolleg über die Hoffnung, in dem er sagte: Wenn alles in Scherben geht, hat der Mensch zwei Säulen, auf die er bauen kann, die ihm niemand zerstören kann, den Geist und die Kunst. Insbesondere nannte er die Mathematik und die Musik, die ermöglichen, aus einer zerstörten Welt zu den Idealen zurückzufinden, für die es sich zu leben lohnt. Das Thema „Musik und Mathematik" hat Herr von Karajan auf eine Anregung von Heinz Götze hin für das diesjährige Ostersymposion ausgewählt. Heinz Götze ist es gelungen, wissenschaftlich ausgewiesene Mathematiker und international anerkannte Musiker für Vorträge und zur Diskussion des gestellten Themas zu gewinnen. Gemeinsam mit dem Mathematiker Rudolf Wille hat er das Programm des Symposions aufgestellt.

Noch einmal möchte ich Sie herzlich begrüßen und der Freude Ausdruck geben – auch im Namen von Herrn von Karajan darf ich das sagen –, daß Sie so zahlreich gekommen sind.

Walther Simon

Heinz Götze

Einführung in das Musikgespräch

Sehr verehrter Herr von Karajan, sehr verehrte Damen und Herren, das Thema unseres heutigen Symposiums hat viele erstaunte Fragen erregt, was Musik mit Mathematik zu tun habe. Es veranlaßt mich, über das hinaus, was Sie, lieber Herr Simon, bereits ausgeführt haben, noch einiges zu erläutern. Mathematik und Musik sind keine Gegensätze, und ich bitte, all die schlechten Erinnerungen an die Mathematik, die Sie von der Schulzeit her haben mögen, heute einmal beiseite zu lassen. Sie haben mit unserem Thema nichts zu tun. Es geht um sehr viel Grundsätzlicheres, denn man könnte überspitzt sagen, daß Musik und Mathematik eigentlich nur zwei Aspekte ein und derselben Sache sind. Am besten können Sie das sehen, wenn Sie eine Partitur oder ein Notenblatt aufschlagen. Da ist ein mathematisches Koordinatensystem; in dem einen sind die Töne und die Akkorde angegeben und im anderen ist die Zeit und der Rhythmus angezeigt. Besser kann man eine Kunstform mathematisch nicht ausdrücken, und es ist auch nicht so, daß heute versucht werden soll, der Musik ein mathematisches Schema aufzuzwingen. Das ist weder nötig, noch wäre es dem Thema angemessen. Es soll vielmehr heute versucht werden, ein wenig den Schleier zu lüften über den Geheimnissen der Musik, die außerhalb des Bereiches liegen, den Sie alle in diesen Tagen so großartig erlebt haben. Diesen unvergeßlichen Erlebnissen wollen wir natürlich keine Konkurrenz machen, die wir Ihnen, sehr verehrter Herr von Karajan, verdanken und die noch in uns allen mitschwingen, wenn wir über unser Thema sprechen. Es ist keiner unter den Vortragenden, der über Mathematik sprechen wird, der nicht selbst eine innige Verbindung zur Musik hat, sei es, daß er selbst ausübender Musiker ist, sei es, daß er sie eine Zeitlang betrieben hat.

Es gibt einen Ihnen allen bekannten, ehrwürdigen Schriftsteller aus dem 4. nachchristlichen Jahrhundert, der nichtsdestoweniger ganz modern anmutende Dinge geschrieben hat. Es ist Aurelius Augustinus. Er schreibt: „Die Erkenntnis der Musik erschließt sich nur der Vernunft." Das werden Sie alle etwas seltsam, zumindest übertrieben finden. Doch er meint damit natürlich nicht, daß das andere, das

Gefühlsmäßige, nicht gelte, das ohne den Umweg über den Verstand sofort in den Menschen eingeht. Er hat seine Feststellung noch weiter erklärt: „Alle an der Musik Teilnehmenden müssen über ein bloßes Registrieren musikalischer Eindrücke über die oberflächliche und sentimentale Hingebung an das Klangliche hinauswachsen." Nun, er hat beides geschätzt, das Verstandesmäßige und das Gefühlsmäßige, und interpretiert in seiner Abhandlung über die Musik. Es stehen dort großartige Beobachtungen über das Musikerleben.

Wir wollen heute etwas erfahren über die Beziehungen der beiden „Künste" – denn auch die Mathematik besitzt künstlerische Aspekte. Der bedeutende Mathematiker Armand Borel hat kürzlich in München einen Vortrag gehalten über das Thema: „Mathematik: Kunst und Wissenschaft". Mit dieser alternativen Themenstellung wird ein ganz wichtiger Wesenszug der Mathematik angesprochen, der die intuitive Erfassung ihrer Zusammenhänge betrifft. Die Mathematik ist ein System von Chiffren, in denen alle Erscheinungen unseres Lebens zum Ausdruck gebracht und in eine knappe Formensprache übertragen werden können. Es ist sogar diskutiert worden, ob nicht die Mathematik eine gewissermaßen „a priorische" Wissenschaft sei, die schon existierte, bevor der Mensch darüber nachgedacht hat. Nun, das ist eine Frage, die wir hier nicht behandeln wollen. Sie soll Ihnen nur zeigen, daß die Mathematik als ein Abbild der gesamten geistigen und materiellen Wirklichkeit verstanden werden kann – als eine Reflexion des Kosmos in Zahlen. Wenn Sie entsprechend die Musik als eine Reflexion des Kosmos in Tönen und Rhythmen verstehen, dann haben Sie vielleicht die Metapher dafür, daß beides von *einem* umfassenden Verständnis ausgeht. Die eine Seite zeigt die Gestalt, die der Künstler erschaffen hat und die nur von ihm in die Form eines musikalischen Kunstwerkes gebracht werden konnte. Hinter ihr aber steht eine Gesetzmäßigkeit, die nachzuforschen sich lohnt und die Interesse finden sollte bei allen, die ein tieferes Verständnis der Musik suchen.

Natürlich – Sie werden heute nicht von hier fortgehen mit einem so tiefen Eindruck, wie Sie ihn alle von den vergangenen Tagen mitgenommen haben. Dennoch sollte es für uns alle interessant und aufschlußreich sein, sich darüber klarzuwerden, welche Gesetzmäßigkeiten hinter diesem großartigen Erlebnis Musik stehen. Die Musik ist dabei nicht allein; es gibt andere Künste, denen die Mathematik ebenfalls innewohnt. Ich möchte nur die Architektur, eine der vollkommensten Künste, erwähnen. Die Architektur benutzt die Mathematik nicht nur zur Konstruktion von statisch einwandfreien Gebilden, Gewölben, Säulen usw., nein, die Mathematik hat vom Altertum her die besten und schönsten geometrischen und stereometrischen Möglichkeiten erschlossen, die vollkommensten Gestalten der Architektur zu schaffen. Isidor von Milet, der Erbauer der Hagia Sophia in Konstantinopel, eines der eindrucksvollsten Bauwerke der Spätantike, hat ein Ergänzungskapitel zu den „Elementen" des Euklid geschrieben. Und beide, die Architektur sowohl als auch die Musik, haben in der pythagoräischen Mathematik und Geometrie einen ihrer Ursprünge. Sie wissen, daß die Pythagoräer schon das Monochord in die verschiedenen Teile eingeteilt haben, die von den Schwingungsknoten bestimmt werden. Damit soll auch gesagt sein, wie Mathematik und Kunst auf dem Gebiet der Musik und der Architektur eng miteinander verbunden sind. Dies ließe sich noch weiter ausführen.

Rudolf Wille

Musiktheorie und Mathematik

Daß es die große und schwere Aufgabe unserer Tage ist, die Theorie auf die Höhe des Verständnisses der Kunst der letzten beiden Jahrhunderte zu führen, sei hier besonders hervorgehoben. Die strenge musikalische Logik, die völlige Durchdringung des Aufbaues riesengroß angelegter Sätze mit einer zwingenden Gesetzmäßigkeit und Folgerichtigkeit hat in Sebastian Bachs Kunst einen Höhepunkt erreicht, den selbst ein Beethoven nicht zu überbieten vermochte. Gelingt es der Theorie, Bachs Faktur völlig zu enträtseln, Formeln für die Gesetze zu finden, welche dieser Riesengeist in seinem Schaffen unbewußt – oder gar bewußt? – befolgte, so hat sie für unsere Zeit ihre Schuldigkeit getan. Daß diese Aufgabe heute noch nicht gelöst ist, steht für mich fest; doch wollen wir nicht die Hoffnung aufgeben, daß sie gelöst werden kann![1]

Mit diesem Zitat aus Hugo Riemanns „*Geschichte der Musiktheorie*" begann Wolfgang Graeser auf der Beethoven-Zentenarfeier (Wien 1927) seinen Vortrag „*Neue Bahnen in der Musikforschung*", in dem er seinen Weg zur Lösung der Riemannschen Aufgabenstellung skizzierte. Schon als Siebzehnjähriger hatte Wolfgang Graeser mit seiner groß angelegten Neuordnung von Bachs „*Kunst der Fuge*" Aufsehen erregt. Diese Neuordnung, beschrieben in einem hundertseitigen Aufsatz im Bach-Jahrbuch 1924, gründete sich auf mathematischen Überlegungen zur Musiktheorie, die als eine erste Zusammenschau von Musiktheorie und moderner Mathematik angesehen werden können. Den Anlaß, in der Mathematik Ausdrucksmittel für musikalische Zusammenhänge zu suchen, beschreibt Wolfgang Graeser am Anfang des Abschnittes über die Prinzipien des Kontrapunkts: *Es ist ein beinahe aussichtsloses oder zum mindestens vermessenes Unterfangen, mit den Mitteln unserer heutigen Musikwissenschaft an ein so enorm schwieriges Werk, wie die Kunst der Fuge, von der formalen Seite heranzutreten. Wir sind genötigt, statt mit einer wohldurchdachten und eindeutigen wissenschaftlichen Sprache und Terminologie, mit hinkenden Vergleichen, technischen Bezeichnungen aus anderen Gebieten und trügerischen Analogien zu arbeiten*[2].

Wolfgang Graeser fand die Ansätze seiner musiktheoretischen Grundlegung in neuen Entwicklungen der Mathematik, die bis heute

Abb. 1. Zur kontrapunktischen Form schreibt Wolfgang Graeser: *Bauen wir einmal ein kontrapunktisches Werk auf. Da haben wir zunächst ein Thema. Dies ist eine Zusammenfassung gewisser Töne, also eine Menge, deren Elemente Töne sind. Aus diesem Thema bilden wir eine Durchführung in irgendeiner Form. Immer wird die Durchführung die Zusammenfassung gewisser Themaeinsätze zu einem Ganzen sein, also eine Menge, deren Elemente Themen sind. Da die Themen selber Mengen von Tönen sind, so ist die Durchführung eine Menge von Mengen. Und eine kontrapunktische Form, ein kontrapunktisches Musikstück ist die Zusammenfassung gewisser Durchführungen zu einem Ganzen, also eine Menge, deren Elemente Mengen von Mengen sind, wir können also sagen: eine Menge von Mengen von Mengen* ([13], Seite 17). Zur Veranschaulichung der Graeserschen Begriffsbestimmung ist die erste Notenseite des Contrapunctus I aus Bachs „Kunst der Fuge" als Mengendiagramm dargestellt.

ihre Aktualität nicht eingebüßt haben. Aus Cantors Mengenlehre erwuchs so die folgende Formulierung: *Bezeichnen wir die Zusammenfassung irgendwelcher Dinge zu einem Ganzen eine Menge dieser Dinge und die Dinge selber als die Elemente der Menge, so bekommen wir etwa das folgende Bild einer kontrapunktischen Form: eine kontrapunktische Form ist eine Menge von Mengen von Mengen*[3] (Abb. 1). Wie er selbst erkannte, klingt das etwas abstrus, doch führte er das derart umrissene Formverständnis weiter aus, wozu ihm hauptsächlich die auf dem Symmetriebegriff basierende Geometrie Pate stand. Seine programmatischen Ausführungen über Symmetrien in der Musik wiesen weit voraus und fanden erst in jüngster Zeit wenigstens teilweise ihre Erfüllung, am weitestgehenden in den Untersuchungen des Schweizers Guerino Mazzola.

Seine Forschungen über Bachs Kunst der Fuge hatte Wolfgang Graeser noch vor seinem Abitur beendigt, das er auf besondere Genehmigung des Preußischen Kultusministers als Siebzehnjähriger ablegte. Darauffolgende Studien in Mathematik, Physik und Philosophie legten die Grundlage für den Ausbau seiner musiktheoretischen Gedanken. Die metaphysischen und psychologischen Unterbauten seiner Untersuchungen entfaltete er in dem Oswald Spengler gewidmeten Buch „*Körpersinn*" (1927). In seinem Wiener Vortrag stellte er dann den Plan einer neuen Musiktheorie vor, die in einer weit ausgreifenden Abhandlung mit dem Titel „*Hörsinn*" erscheinen sollte. *Der Hörsinn, welchem alle musikalischen Wahrnehmungen angehören,* fällt unter die Vorstellungen vom Sinnesraum und Sinneswelt, die *im Sinne der von Hermann Minkowski in die Relativitätstheorie eingeführten Begriffsbildung von der raum-zeitlichen Struktur und Weltgeometrie zu verstehen*[4] sind. Der Weltgeometrie der Hörwelt liegt der Hörraum zugrunde, und zwar als *abzählbar unendlichdimensionaler Funktionenraum, dessen Punkte fastperiodische Funktionen im Sinne von Harald Bohr sind*[5]. Ausdrücklich weist Wolfgang Graeser darauf hin, daß eine mathematische Behandlung der Musiktheorie allein nicht befriedigen wird: *Alle rationalen Theorien sind Gerüste und deshalb unzureichend. Zur wesensmäßigen Erfassung wird eine Logosphilosophie und Metaphysik herangezogen*[6].

Wolfgang Graeser hat seinen großen Entwurf nicht mehr ausgeführt. Nach zwei schweren Nervenzusammenbrüchen in den Jahren 1927 und 1928 schied der Einundzwanzigjährige freiwillig aus dem Leben; eine geniale Frühbegabung war an einem übermäßigen Erkenntnisstreben, das den ganzen Kosmos ausschöpfen wollte, zerbrochen. Anzeichen der Katastrophe gab es schon nach dem ersten Zusammenbruch: *Der*

„Seelenrekonvaleszent" schrieb befremdlich von seinen „Hirngespinsten", im Stile Zarathustras, von seiner „Einsamkeit auf eisigen, sturmdurchtobten Höhen und Bergen, auf denen andere Menschen nicht mehr atmen können"[7]. Seinen Wiener Vortrag beendete er mit der Feststellung, daß das *antikisch statische Theoriegerüst der Musik durch eine faustisch-dynamische Konstruktion ersetzt werden mußte*[8]. Faustisch hat sich Wolfgang Graeser wohl auch selbst verstanden, ganz im Sinne des ihm befreundeten Oswald Spengler, für den faustisch *die kennzeichnende Eigenschaft des abendländischen Menschen mit seinem nie befriedigten Drang nach Erkenntnis der Wahrheit, des absolut Gültigen, der letzten Dinge* war – im Gegensatz zum appolinischen Menschen der griechischen Antike[9].

Was machte denn zu Beginn unseres Jahrhunderts die Spannweite zwischen Musik und Mathematik aus, daß ihre Bewältigung die Lebenskraft eines Menschen überstieg? Hat man sich nicht seit alters darum bemüht, Musik und Mathematik miteinander zu verbinden? In der Tat, die Geschichte der wechselseitigen Beziehungen zwischen Musik und Mathematik ist von großer Vielfalt; sie kann hier jedoch nur angedeutet werden.

Für die Pythagoräer war die irdische Musik eine Nachbildung der himmlischen Musik, deren Harmonie auf Zahlen beruhte. So wird die *Tetraktys,* die den griechischen Tonsystemen zugrundeliegt und die als *Quelle und Wurzel ewiger Natur*[10] angesehen wird, durch die Zahlen 6, 8, 9 und 12 wiedergegeben. Am Monochord (Abb. 2), einem Instrument mit einer Saite, wurden diese Zahlen zum Erklingen gebracht, indem die Saite in zwölf gleichlange Abschnitte eingeteilt und Saitenlängen jeweils bestehend aus 6, 8, 9 und 12 dieser Abschnitte abgegriffen wurden. Ist die Saite auf E gestimmt, so ergeben sich dabei die Töne e, H, A und E. Den Intervallen Oktave, Quinte und Quarte wurden deshalb die Zahlenverhältnisse 2:1, 3:2 und 4:3 zugeordnet. Die Oktavaufteilung der Tetraktys war Ausdruck der Lehre vom arithmetischen und harmonischen Mittel[11]: *Die Zahl 9 ist das „arithmetische Mittel" zwischen 12 und 6, d. h. die Differenzen 12−9 und 9−6 sind gleich. Die Zahl 8 ist das „harmonische Mittel" zwischen 12 und 6, d. h. die Differenzen 12−8 und*

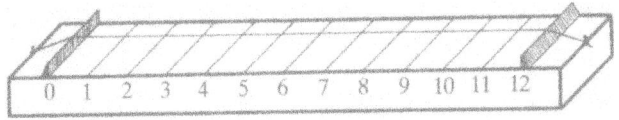

Abb. 2. Um die Entsprechung von Ton und Zahl zu demonstrieren, benutzt man seit der Antike das Monochord, einen Resonanzkasten mit darübergespannter Saite.

8−6 verhalten sich wie 12 zu 6[12]. Alle vier Zahlen bilden die Proportion 12:9 = 8:6, die in ihrer Verbindung von arithmetischem und harmonischem Mittel die *„vollkommenste Proportion"* genannt wurde.

Das innige Zusammenwirken von Musik und Mathematik, wie es für die Tetraktys aufgezeigt wurde, bestimmte weitgehend die platonisch-pythagoreische Tonordnung. So gründet sich das bis heute gültige Muster der siebenstufigen Tonleiter auf eine weitere Aufteilung der Tetraktysintervalle. Das Antik-Dorische erhielt man, indem man von den beiden Quarten jeweils von oben her zweimal die große Sekunde 9:8 abgriff, was in den uns geläufigen Tonnamen durch folgende Leiter wiedergegeben werden kann:

```
         4:3              9:8         4:3
    ┌─────────────┐    ┌──────┐  ┌─────────────┐
    E    F    G    A    H    c    d    e
    └───┘└───┘└───┘    └───┘└───┘└───┘
   256:243 9:8  9:8    256:243 9:8  9:8
```

Neben der Quartenteilung (9:8)·(9:8)·(256:243) = 4:3, die dem Pythagoras selbst zugeschrieben wird, berichtet Ptolemaios in seiner zusammenfassenden *„Harmonielehre"*[13] von einer großen Anzahl von Quartenteilungen, die bei den Griechen mehr oder weniger in Gebrauch waren. Besonders hebt er die Quartenteilungen hervor, die Archytas von Tarent für die drei Tongeschlechter der griechischen Musik vorgeschlagen hat:

Diatonisch   (9:8)·(8:7)·(28:27) = 4:3
Chromatisch   (32:27)·(243:224)·(28:27) = 4:3
Enharmonisch   (5:4)·(36:35)·(28:27) = 4:3.

Daß dem Zusammensetzen musikalischer Intervalle das Multiplizieren arithmetischer Brüche entspricht, diese Entdeckung war eine große Leistung früher exakter Wissenschaft; sie hat die Wechselwirkung zwischen Musiktheorie und Mathematik entscheidend bestimmt.

Unter dem Einfluß der aristotelischen Philosophie lockerte sich die Bindung von Musik und Mathematik. Musiktheorie wurde mehr als Einsicht in das Wesen musikalischer Phänomene verstanden, denn als metaphysische Spekulation. Kennzeichnend für diesen Auffassungswandel ist die Darstellung der drei Tongeschlechter durch Aristoxenos, einem Schüler des Aristoteles; er beschreibt die Quartenteilungen in dem phänomenologisch-psychischen Maßsystem von Ganz-, Halb- und Vierteltonstufen:

Diatonisch $1 + 1 + \frac{1}{2} = 2\frac{1}{2}$
Chromatisch $1\frac{1}{2} + \frac{1}{2} + \frac{1}{2} = 2\frac{1}{2}$
Enharmonisch $2 + \frac{1}{4} + \frac{1}{4} = 2\frac{1}{2}$

In der christlichen Spätantike wandte man sich wieder mehr der platonisch-pythagoreischen Erkenntnislehre zu, womit auch die Harmonielehre der Pythagoräer an Bedeutung gewann. Den Einklang von musikalischem und mathematischem Geist brachte am weitestgehenden Augustinus in seinen Büchern „*De musica*"[14] zum Ausdruck. Seine Definition der Musik als „*Scientia bene modulandi*" führte ihn zur Betrachtung der Zahlengesetzlichkeit in der Musik, insbesondere in deren rhythmischem und melodischem Ablauf, der als eine durch Zahlen geordnete Bewegung bezeichnet wird. In seinem letzten Buch, das er nach seiner Bekehrung schrieb, wandte er sich der theologischen Begründung der Musik zu, die er in Gott als tiefstem Wesensgrund und höchstem Wertmaßstab sah.

Trotz der großen Bedeutung, die Augustinus und seiner „De musica" zukommt, war es nicht er, sondern der Römer Boëthius mit seinen fünf Büchern „*De institutione musica*" (500–507)[15], der für das Mittelalter zum Repräsentanten der antiken Musiklehre wurde. Was seine Bücher allerdings an Mathematik enthielten, war im wesentlichen nicht mehr als die euklidische Proportionenlehre. Die mathematische Struktur der Musik als Gegenstand einer Kontemplation des Grundes verlor an Bedeutung. Für das Mittelalter ging es dann vornehmlich um die mathematische Fundierung der Tonsysteme als Gefüge von Tonbeziehungen, die nach der Konsonanz bewertet wurden.

Wenn auch im Mittelalter keine grundsätzlich neuen Theoriebeziehungen zwischen Musik und Mathematik entstanden, so waren doch beide in der mittelalterlichen Bildungsordnung eng miteinander verbunden. Schon die Sophisten vor Plato hatten die vier Wissenschaften Arithmetik, Geometrie, Astronomie und Harmonik zu einem Lehrprogramm zusammengefaßt. In der spätgriechisch-römischen Epoche wurde dieser Lehrkanon zu den „*artes liberales*" entfaltet, die das Mittelalter als die sieben freien Künste in sein Bildungssystem übernahm: diese gliederten sich in das Trivium, dem Grammatik, Dialektik und Rhetorik angehörten, sowie in das Quadrivium, in dem noch immer Arithmetik, Geometrie, Astronomie und Musik vereint waren.

Der Umschwung der Musiktheorie zu Beginn der Neuzeit, der letztlich die weitgehende Lösung der Musiktheorie von der Mathematik zur Folge hatte, kann kaum deutlicher demonstriert werden als durch die Gegenüberstellung der fast gleichzeitig entstandenen Musikschriften von Johannes Kepler und René Descartes. Aus der Konstruierbarkeit regelmäßiger Vielecke begründete Kepler die harmonischen Proportionen konsonanter Intervalle und erkannte dann diese Proportionen in den Planetenbahnen wieder[16]. *So ist bei ihm die Urharmonie eine geometrische Idee, deren Beobachtung in verschiedenen Bereichen erst als Beweis für ihre Richtigkeit angesehen wird. Insoweit stellte Kepler eine Synthese von platonischer und aristotelischer Denktradition her*[17]. *Descartes dagegen begnügte sich nicht mehr mit einer zahlentheoretischen oder geometrischen Metaphysik, vielmehr postuliert er gleich am Beginn seines „Musicae Compendium" (1618) die Notwendigkeit, die ästhetischen Wirkungen von Musik nicht nur aufgrund der Struktur von Tönen, sondern darüber hinaus die Struktur von Musik weiter subjektivistisch-psychologisch zu begründen*[18].

Im neuen Zeitalter des Subjektivismus wurde die mathematisch-kosmische Begründung der Musiktheorie durch die Ästhetik des menschlichen Individuums verdrängt, wodurch die Bedeutung der Mathematik für die Musiktheorie prinzipiell eingeschränkt wurde. Daß trotzdem beachtliche Neuansätze der Verbindung von Musiktheorie und Mathematik gelangen, dafür sind Leonhard Eulers Beiträge zur Musiktheorie[19] ein überzeugendes Beispiel. Es waren gerade die ästhetischen Phänomene der Musik, die Euler mathematisch zu fassen versuchte. In Anlehnung an die Leibnizsche Auffassung, daß die Musik ein unbewußtes Zählen der Seele sei, definierte er zahlentheoretisch den *„gradus suavitatis"*, den Grad der Annehmlichkeit, der auf unterschiedlichste musikalische Phänomene wie Intervalle, Akkorde, Rhythmen und auch Formproportionen angewendet werden kann. Kernstück der Definition ist die Gradusfunktion Γ für natürliche Zahlen, die folgendermaßen erklärt ist: Ist eine natürliche Zahl a das Produkt der Primzahlpotenzen $p_1^{e_1}, p_2^{e_2}, \ldots, p_n^{e_n}$, dann ist $\Gamma(a) = 1 + \sum_{k=1}^{n} e_k p_k - \sum_{k=1}^{n} e_k$; da z. B. $60 = 2^2 \cdot 3^1 \cdot 5^1$ ist, hat man $\Gamma(60) = 1 + (2\cdot 2 + 1\cdot 3 + 1\cdot 5) - (2 + 1 + 1) = 9$, d. h. 60 hat als Grad der Annehmlichkeit den Wert 9. Die Gradusfunktion für (gekürzte) Brüche $\frac{a}{b}$ ergibt sich aus der Festsetzung $\Gamma\left(\frac{a}{b}\right) := \Gamma(a\cdot b)$; so hat z. B. die kleine Dezime 12:5 wie die natürliche Zahl 60 den Annehmlichkeitsgrad 9 (Abb. 3).

Von grundsätzlicherer Bedeutung als der gradus suavitatis ist Eulers Theorie der musikalischen Wahrnehmung, nach der komplizierte akustische Ereignisse oft durch einfachere Vorstellungen ersetzt werden. So werden in der Regel zwei Töne mit dem Frequenzverhältnis 800:401 als Oktave 2:1 wahrgenommen. Eulers Substitutionstheorie liefert nicht nur eine Rechtfertigung seiner zahlentheoretischen Definition des gradus suavitatis, sondern eröffnet die Einsicht, daß der gemeinsame

Γ	Intervalle
2	$\frac{1}{2}$
3	$\frac{1}{3}$ $\frac{1}{4}$
4	$\frac{1}{6}$ $\frac{2}{3}$; $\frac{1}{8}$
5	$\frac{1}{5}$; $\frac{1}{9}$; $\frac{1}{12}$ $\frac{3}{4}$; $\frac{1}{16}$
6	$\frac{1}{10}$ $\frac{2}{5}$; $\frac{1}{18}$ $\frac{2}{9}$; $\frac{1}{24}$ $\frac{3}{8}$; $\frac{1}{32}$
7	$\frac{1}{7}$; $\frac{1}{15}$ $\frac{3}{5}$; $\frac{1}{20}$ $\frac{4}{5}$; $\frac{1}{27}$; $\frac{1}{36}$ $\frac{4}{9}$; $\frac{1}{48}$ $\frac{3}{16}$; $\frac{1}{64}$
8	$\frac{1}{14}$ $\frac{2}{7}$; $\frac{1}{30}$ $\frac{2}{15}$ $\frac{3}{10}$ $\frac{5}{6}$; $\frac{1}{40}$ $\frac{5}{8}$; $\frac{1}{54}$ $\frac{2}{27}$; $\frac{1}{72}$ $\frac{8}{9}$; $\frac{1}{96}$ $\frac{3}{32}$; $\frac{1}{128}$
9	$\frac{1}{21}$ $\frac{3}{7}$; $\frac{1}{25}$ $\frac{1}{28}$ $\frac{4}{7}$; $\frac{1}{45}$ $\frac{5}{9}$; $\frac{1}{60}$ $\frac{3}{20}$ $\frac{4}{15}$ $\frac{5}{12}$; $\frac{1}{80}$ $\frac{5}{16}$; $\frac{1}{81}$; $\frac{1}{108}$ $\frac{4}{27}$; $\frac{1}{144}$ $\frac{9}{16}$; $\frac{1}{192}$ $\frac{3}{64}$; $\frac{1}{256}$
10	$\frac{1}{42}$ $\frac{2}{21}$ $\frac{3}{14}$ $\frac{6}{7}$; $\frac{1}{50}$ $\frac{2}{25}$; $\frac{1}{56}$ $\frac{7}{8}$; $\frac{1}{90}$ $\frac{2}{45}$ $\frac{5}{18}$ $\frac{9}{10}$; $\frac{1}{120}$ $\frac{3}{40}$; $\frac{5}{24}$ $\frac{8}{15}$; $\frac{1}{160}$ $\frac{5}{32}$; $\frac{1}{162}$ $\frac{7}{81}$; $\frac{1}{216}$ $\frac{8}{27}$; $\frac{1}{288}$ $\frac{9}{32}$; $\frac{1}{384}$ $\frac{3}{128}$; $\frac{1}{512}$

Abb. 3. In dieser Eulerschen Tabelle sind alle Intervalle $\frac{a}{b}$ (a und b teilerfremd) aufgeführt, deren „gradus suavitatis" höchstens 10 ist (vgl. [6], Seite 39).

Ort von Musiktheorie und Mathematik mehr im menschlichen Bewußtsein als in der physikalischen Akustik zu sehen ist.
Der große Aufschwung der Physik im 18. und 19. Jahrhundert unterdrückte Eulers richtungweisende Erkenntnis und brachte mit sich, daß musiktheoretische Anwendungen der Mathematik sich auf den Bereich der physikalischen Grundlagen einengten. Insbesondere die Entdeckung der Obertöne (Abb. 4), deren Frequenzen ganzzahlige Vielfache der jeweiligen Grundfrequenz sind, beherrschte das musiktheoretische Denken; so schien der Durdreiklang durch sein Auftreten in der Obertonreihe endgültig eine natürliche Begründung zu finden. Das bedeutendste Dokument physikalisch-physiologischer Musictheo-

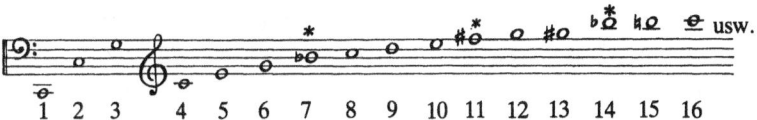

* Das Sternchen bezeichnet die besonders abweichenden Approximationen

Abb. 4. Seit dem 18. Jahrhundert wird immer wieder die Obertonreihe, die hier vom Grundton C aus aufgeführt ist, als Bindeglied zwischen Musiktheorie und Mathematik herangezogen.

rie stellt „*Die Lehre der Tonempfindungen*" (1863) von Hermann von Helmholtz dar. In ihr unterscheidet Helmholtz deutlich zwischen naturwissenschaftlicher Grundlagenforschung und der davon abhängigen musikalischen Ästhetik. Mathematik kommt bezeichnenderweise nur im fachphysikalischen Anhang des Buches vor.

Eulers Substitutionstheorie erlebte, nachdem Immanuel Kant das hinter ihr liegende Erkenntnisproblem in seiner „*Kritik der reinen Vernunft*" ausführlich zur Sprache gebracht hatte, ihre Wiedererweckung in den musiktheoretischen Schriften Hugo Riemanns, dem größten europäischen Musikforscher der Generation um die Wende zum 20. Jahrhundert.

Seit seiner neuartigen Dissertation, die er 1873 als „*Musikalische Logik*" veröffentlichte, war für Riemann das Hören von Musik aktives Handeln. Die Ansicht, *daß das Musikhören nicht nur ein passives Erleiden von Schallwirkungen im Hörorgan, sondern vielmehr eine hochgradig entwickelte Betätigung von logischen Funktionen des menschlichen Geistes ist*[20], war grundlegend für seine „*Ideen zu einer Lehre von den Tonvorstellungen*" (1914/15), die er der Helmholtzschen „*Lehre der Tonempfindungen*" entgegensetzte. Bei alledem blieb allerdings die Mathematik ausgeklammert; die Psychologie wurde zur zentralen Instanz für die neue Theorie der Musik.

Die Mathematik selbst entwickelte sich zum 20. Jahrhundert hin[21] auf eine neue Stufe der Abstraktion, was auch mit dem Wort von der „*Lösung der ontologischen Bindung*" gekennzeichnet wird. Auf der Grundlage der formalen Logik und Mengenlehre entstand die moderne Axiomatik, die ihren paradigmatischen Ausdruck in David Hilberts „*Grundlagen der Geometrie*" (1899) fand. Als abstrakte Theorie der Symmetrie trat die Gruppentheorie in den Vordergrund, die zum Vorbild der modernen Algebra wurde. Noch heute urteilt einer der führenden Vertreter der Mathematik, Michael Atiyah: *Die Gruppentheorie ist typisch für den modernen Geist der Mathematik, und der Begriff der Symmetriegruppe ist so grundlegend für das 20. Jahrhundert, wie es der Begriff einer Funktion noch für das 19. Jahrhundert war*[22].

Auf der einen Seite die überwiegend psychologisch orientierte Musiktheorie, auf der anderen Seite die sich vehement entwickelnde abstrakte Mathematik, dazwischen fast nichts mehr an Gemeinsamen: das war die Situation, in die Wolfgang Graeser 1906 geboren wurde. Er versuchte beide Seiten in einem kühnen Ansturm zusammenzuzwingen und ist daran gescheitert. Zwar ist ihm die Wiederbelebung der „*Kunst der Fuge*" für die Musikpraxis gelungen, doch ist sein bahnbrechender Entwurf einer mathematischen Musiktheorie ohne Resonanz geblieben.

Es waren nicht Musikwissenschaftler, die nach Graesers Tod die moderne Mathematik mit dem Musikdenken verbanden, sondern ein Komponist, Ernst Křenek, der in seinen bemerkenswerten Wiener Vorträgen „*Über neue Musik*" (1936) auch zum neuen Verhältnis von Musik und Mathematik Stellung nahm. Seine Betroffenheit von der neuen freieren Axiomatik drückte Křenek folgendermaßen aus: *Es gehört für mein Gefühl zu den großartigsten Ergebnissen der modernen Mathematik, in diesem Bereich ein neues Licht angezündet zu haben, und ich kann die entscheidenden Sätze des § 1 von David Hilberts „Grundlagen der Geometrie" nie ohne die charakteristische Erschütterung wiederlesen, die die Begegnung mit fundamentalen Erkenntnissen auslöst ... Das Entscheidende an diesen so unscheinbaren Sätzen ist, daß Axiome nicht der Ausdruck von unbeweisbaren, aber ewigen, weil etwa naturgegebenen Wahrheiten sind, ... sondern daß die Axiome freie Festsetzungen des menschlichen Geistes sind, geschaffen zu dem Zweck, damit Geometrie möglich sei*[23]. Und er urteilte: *Da die Musik für uns nicht ein Verfahren darstellt, in welchem ein Naturmaterial der Wiedergabe psychischer Prozesse dienstbar gemacht wird, wobei eine wünschbare Vervollkommnung des Verfahrens von dem Grade zu erwarten wäre, in welchem man die Natur des Materials einerseits und die des psychischen Prozesses andererseits erforscht hat, sondern als Artikulation von Denkvorgängen mit den besonderen Mitteln der Tonsprache erkannt worden ist, so dürfen wir uns auch auf jene Auffassungen stützen, die die Autonomie des Denkens im Gebiet der Mathematik, und damit beispielgebend für alle geistigen Produktionen, festgelegt haben*[24].

Auch Křeneks Überlegungen zur musikalischen Axiomatik fanden keine unmittelbare Nachfolge. Erst seit 1960 erschienen musiktheoretische Arbeiten, vornehmlich in den angloamerikanischen Zeitschriften „*Journal of Music Theory*" und „*Perspectives of New Music*", die musikalische Axiomatik in Form mathematischer Modelle behandelten. Von musikwissenschaftlicher Seite wurden diese Arbeiten, die sich überwiegend auf frei-atonale oder dodekaphone Musik beziehen, nicht zu Unrecht als musikalisch irrelevant kritisiert. Ihnen wurde sogar vorgeworfen: *die radikale Neuformulierung alter Sachverhalte und Fragestellungen, welche nicht nur in einzelnen Vokabeln, sondern mit Hilfe ganzer formaler Sprachschöpfungen vorgenommen wird, soll die Entdeckung verborgener, systematischer Theorien vortäuschen und deren Existenz beweisen*[25]. Ebenfalls kaum Widerhall bei der Wissenschaft fand ein Komponist wie Iannis Xenakis mit seinen Bemühungen, aktuelle mathematische Theorien für die Komposition nutzbar zu machen[26].

Axiomatische Musiktheorie mit den Mitteln modernster Mathematik, das hat in jüngster Zeit am weitestgehenden der Mathematiker und komponierende Pianist Guerino Mazzola betrieben. Wenn auch die Frage nach der musikalischen Relevanz für manche seiner theoretischen Ansätze und Methoden noch offen bleibt, so enthalten seine Untersuchungen[27] doch viel Substanz, von der motivischen Analyse bis hin zur Aufhellung umfangreicher Satzstrukturen. Die moderne Auffassung der Geometrie, daß Räume als Atlanten von Raumteilen zu verstehen sind, liefert das zentrale Muster für die Analyse musikalischer Kompositionen; so ist ein Kernstück die Definition einer interpretierten Komposition als ein Atlas von Teilkompositionen, die durch Symmetrietransformationen miteinander verglichen werden. Mit dieser Definition erhält Graesers Bestimmung der kontrapunktischen Form als Menge von Mengen von Mengen eine überzeugende Präzisierung – eine Präzisierung allerdings, die auch nicht jedem Mathematiker ohne weiteres zugänglich ist.

Musiktheorie und Mathematik: entstanden aus einem gemeinsamen Ursprung, vielfältig verbunden in einer wechselseitigen Geschichte, heute entfremdet durch unterschiedliche Entwicklung – wo liegt das Gemeinsame, das Verbindende, das Trennende? In der Antike waren Musiktheorie und Mathematik vereint in der metaphysisch verankerten Begründung des Tonsystems, dem Inbegriff des musikalisch Möglichen, und im Mittelalter trafen sie sich in der Fundierung der Tonbeziehungen als Ordnung göttlichen Ursprungs, was ihnen den gemeinsamen Platz im Bildungssystem der artes liberales gab. Als mit dem Beginn der Neuzeit nicht mehr Gott, sondern der Mensch als das erste Wirkliche Geltung bekam, als im Denken über Musik die Idee des Tonsystems durch die des Musikwerkes als zentrale Kategorie abgelöst wurde, da löste sich das enge Verhältnis von Musiktheorie und Mathematik. Die Theorie der Musik wurde zur ästhetischen Kunstlehre, für die *die Interpretation des musikalischen Kunstwerks als Realisierung von „Geist in geistfähigem Material"* (Hanslick 1854) *zur herrschenden Norm wurde*[28]; die Rolle der Mathematik wurde dabei mehr und mehr auf die physikalisch-akustischen Grundlagen eingeschränkt, was schließlich nach der Ablösung der Physik durch die Psychologie als grundlegender Erklärungsinstanz für das Denken und Fühlen von Musik die fast vollständige Trennung von Musiktheorie und Mathematik bedeutete.

Daß trotz alledem die Überzeugung nicht tot ist, daß Musik und Mathematik irgendwo miteinander verbunden sind, macht die Fragen wichtig: Warum mußte es zu dieser Entwicklung kommen? Und: Worin ist dennoch das Verbindende zu sehen? Es verwundert nicht, daß eine auf dem Menschen als Individuum gründende Wissenschaft zunehmend an Einheit einbüßt, was in der modernen Wissenschaft zu einer kaum mehr zu ertragenden Spezialisierung und Kompetenzabgrenzung geführt hat. Hartmut von Hentig hat diese Entwicklung und deren gegenwärtigen Zustand in seinem Buch *„Magier oder Magister? Über die Einheit der Wissenschaft im Verständigungsprozeß"* (1972) ausführlich dargestellt. Für die Zersplitterung der Wissenschaften sieht er als einen letzten Grund die Auffassung von Wissenschaft als methodenkritische Erkenntnis. *Sie läßt keine Erkenntnisweise unkritisiert, und das heißt im Wortsinn: sie eignet sich an, was sich ihrer Verfahrensrigueur fügt, und scheidet den Rest aus ... Eben dadurch jedoch konnten die Gegenstände der Wissenschaft unendlich zunehmen, und mit ihnen haben sich die sachspezifischen Methoden vermehrt*[29].

An der modernen Mathematik wird das mit erschreckender Klarheit deutlich. Die immer strenger werdenden Maßstäbe für Korrektheit und das fortwährende Erklimmen neuer Stufen der Abstraktion haben zu einer fantastischen Ausweitung mathematischer Methoden und Theorien geführt. So gliedert heute das Klassifikationsschema der American Mathematical Society die Mathematik in 60 Hauptgebiete mit ca. 3000 Teilgebieten, von denen kaum eines von einem einzelnen Experten vollständig beherrscht wird. Natürlich verkümmern bei einer solchen Überspezialisierung Kategorien wie Sinn, Bedeutung und Zusammenhang. Beispielgebend sei hier nur der Bereich des Verstehens angeführt, den die Mathematiker allzu oft durch die Frage nach dem Richtig oder Falsch verengen. Es ist sicherlich mehr als nur eine Karikatur, wenn in einer (bezeichnenderweise mehreren großen Mathematikern zugeschriebenen) Anekdote dem Mathematiker im Anschluß an einen Konzertbesuch in den Mund gelegt wird: „Na, und was ist damit bewiesen?"

Anders als auf die Mathematik wirkte sich die methodenkritische Wissenschaftsauffassung und die aus ihr resultierenden Kompetenzabgrenzungen auf die Musiktheorie aus: sie wurde zunehmend von den sie umgebenden Wissenschaften Musikgeschichte, Musikpsychologie und Musikästhetik in den Schatten gestellt. Bezeichnend ist, daß ein so hervorragender Musikforscher wie Hugo Riemann keinen musikwissenschaftlichen Lehrstuhl bekam. Die Verdrängung der Musiktheorie ging so weit, daß Albert Wellek, der in Deutschland die Musikpsychologie für Jahrzehnte beherrschte, die Musiktheorie ganz aus der Systematischen Musikwissenschaft verbannte[30]. So überlebte die Musiktheorie nur noch als Handwerkslehre an den Musikhochschulen. Es war dann auch die musikalische Praxis, und zwar vornehmlich die Avantgarde der

Neuen Musik, die die Musikwissenschaft zu einer erneuten Befassung mit der Theorie herausforderte.

Das Bild des Dilemmas ist gezeichnet! Wie kommen wir nun aus diesem Dilemma heraus? Nach Hartmut von Hentig müssen die Wissenschaften sich grundsätzlich umorientieren: *Die immer notwendiger werdende Restrukturierung der Wissenschaften in sich – um sie besser lernbar, gegenseitig verfügbar und allgemeiner (d. h. auch jenseits der Fachkompetenz) kritisierbar zu machen – kann und muß nach Mustern vorgenommen werden, die den allgemeinen Wahrnehmungs-, Denk- und Handlungsformen unserer Zivilisation entnommen sind und die ich abkürzend „Anschauung" nennen will*[31]. Restrukturierung der Mathematik meint, daß Mathematik als allgemeines Verständigungsmittel entwickelt wird, mit dem als einer „Gemeinsprache der formalen Erkenntnis" Wahrnehmungs-, Denk- und Handlungsstrukturen ausgedrückt und behandelt werden[32]. Restrukturierung der Systematischen Musikwissenschaft meint, daß sich in ihr eine Theorie der Musik entfaltet, die in voller Breite Wahrnehmungs-, Denk- und Handlungsformen in der Musik aufnimmt und allgemein verstehbar macht. Mit den absichtlich parallelen Formulierungen sollen Ansätze für ein neues Zusammenwirken von Musiktheorie und Mathematik aufgezeigt werden. Musikerleben als Leistung des Bewußtseins ist durchdrungen von formalen Elementen, für deren Erkennen, Beschreiben und Verstehen die Mathematik als Partner herangezogen werden sollte.

Um die Art und Weise deutlich werden zu lassen, wie Mathematik im Sinne der Restrukturierung einbezogen werden soll, wird zunächst ein Beispiel angeführt, in dem der Einsatz mathematischer Methoden kritisch beurteilt wird. Gewählt wird mit Bedacht eine der sorgfältigsten und methodisch durchdachtesten Untersuchungen zur Systematischen Musikwissenschaft, Peter Faltins Habilitationsschrift *„Phänomenologie der musikalischen Form"* (1979), in der mathematische Methoden wie in vielen musikpsychologisch orientierten Untersuchungen im Rahmen statistischer Verfahren eingehen. Ausgangspunkt war für Faltin die Arbeitshypothese: *Musikalische Form ist ein System von Beziehungen, deren Sinn aus den Noten allein nicht abzulesen ist, sondern erst im Prozeß der ästhetischen Wahrnehmung generiert wird*[33]. Damit waren musikpsychologische Experimente notwendig, die kurz skizziert werden sollen: Musikalisch geschulte Versuchspersonen hatten methodisch

---

Abb. 5. Der vierdimensionale Bedeutungsraum musikalischen Erlebens wird dargestellt ▷ durch zwei Ebenenschnitte, die die Koordinatenachsen I/II *(Strukturordnung/Aktivität)* und III/IV *(Klang/Ästhetische Wertung)* enthalten ([12], Seiten 49f.).

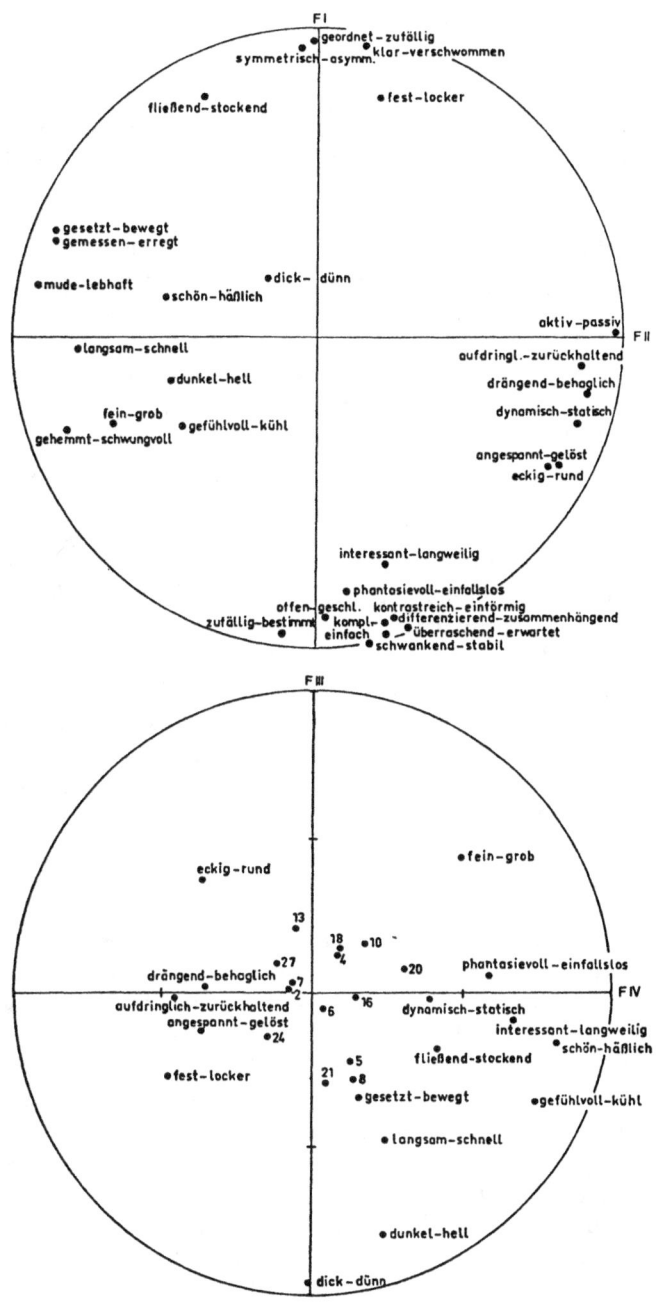

zusammengestellte Musikbeispiele zu beurteilen; sie hielten ihre Urteile fest in einem sogenannten Polaritätsprofil, einer Liste von 30 Eigenschaftswortpaaren wie z. B. offen – geschlossen, klar – verschwommen, müde – lebhaft. Der so entstandene Datensatz wurde dann mit dem Verfahren der Faktorenanalyse ausgewertet, wobei die Eigenschaftswortpaare in einem Bedeutungsraum durch Punkte dargestellt werden (Abb. 5), deren Lage ihren jeweiligen Bedeutungszusammenhang wiedergeben soll. Die Annahme, daß der Bedeutungsraum ein analoges Meßniveau wie der geometrische Raum der Anschauung hat, erlaubt, die Punkte durch ein rechtwinkliges Koordinatensystem zu erfassen, deren Achsen (genannt Faktoren) als Erlebnisdimensionen interpretiert werden. So werden vier grundlegende Dimensionen des Musikerlebens nachgewiesen, die Faltin mit den Worten *„Strukturordnung"*, *„Aktivität"*, *„Klang"* und *„Ästhetische Wertung"* benannt hat.

Zu kritisieren ist – diese Kritik trifft allgemein faktorenanalytische Untersuchungen der Psychologie –, daß das mathematische Modell des Bedeutungsraumes meßtheoretisch nicht gerechtfertigt wird. Der durchaus intensiv einbezogenen Mathematik fällt so die Rolle eines Orakels zu. Kennzeichnend ist, daß trotz der Warnung, die Koordinatenachsen im Bedeutungsraum nicht als reale Gegebenheiten anzusehen, diese Achsen immer wieder inhaltlich gedeutet werden. Die orakelhafte Aussage, daß sich der emotionale Eindruck von Musik in einem vier- (oder fünf-) dimensionalen Raum darstellen läßt[34], hilft nicht, sie verstellt eher den Weg zu einem angemessenen und kontrollierten Umgang mit mathematischem Denken im Bereich der Musik.

Wie man sich ein unmittelbares Zusammenwirken von Musik- und Mathematikdenken vorstellen kann, soll ein weiteres Beispiel vermitteln. Seit Gioseffo Zarlino im 16. Jahrhundert das neu entstandene Harmoniekonzept aus der Musikpraxis in die Musiktheorie übernahm[35], hat man sich um dessen begriffliche Durchdringung bemüht. Jean-Philippe Rameau, von seinen Zeitgenossen als der Newton der Musik betrachtet, gelang im 18. Jahrhundert die nachhaltigste begriffliche Fassung, indem er die Fülle harmonischer Phänomene auf nur wenige Grundprinzipien – Akkordumkehrung, Terzenschichtung, Fundamentbaß – reduzierte[36]. Bis heute sind Rameaus Prinzipien aktuell geblieben, was an systematischen Abhandlungen zur Harmonik wie der von Franz Alfons Wolpert (1972) sichtbar wird[37].

Es soll nun kurz skizziert werden, wie man von Akkordvorstellungen zu Akkordbegriffen und deren Merkmalbeschreibungen durch mathematisch-methodische Überlegungen gelangen kann. Da harmonisch-tonale Musik (bis ins 20. Jahrhundert) auf dem Grundmuster der

Harmonieformen		0	1	12	13	14	123	124	125	126	135	1̄3̄5̄	1̄2̄6̄	1̄2̄5̄	1̄2̄4̄	1̄2̄3̄	1̄4̄	1̄3̄	1̄2̄	1̄	0̄
0	Pause	x																			x
1	Einklang		x	x	x	x	x	x	x	x	x	x	x	x	x	x	x	x	x	x	x
12	Sekunde			x			x	x	x	x			x	x	x	x	x	x	x	x	x
13	Terz				x		x				x	x	x		x	x	x	x	x	x	x
14	Quart					x		x					x		x	x	x	x	x	x	x
123	quintseptfreier Nonakkord						x						x	x	x	x	x	x	x	x	x
124	quintfreier Septakkord							x						x	x	x	x	x	x	x	x
125	terzseptfreier Nonakkord								x			x	x	x	x	x	x	x	x	x	x
126	terzfreier Septakkord									x			x	x	x	x	x	x	x	x	x
135	Dreiklang										x	x	x	x	x	x	x	x	x	x	x
1̄3̄5̄	kompakter Septakkord											x	x				x	x	x	x	x
1̄2̄6̄	septfreier Nonakkord												x					x		x	x
1̄2̄5̄	quintnonfreier Undezakkord													x					x	x	x
1̄2̄4̄	terzfreier Undezakkord														x		x			x	x
1̄2̄3̄	quintfreier Nonakkord															x	x	x		x	x
1̄4̄	nonfreier Undezakkord																x			x	x
1̄3̄	kompakter Nonakkord																	x		x	x
1̄2̄	septfreier Undezakkord																		x	x	x
1̄	kompakter Undezakkord																			x	x
0̄	kompakter Tredezakkord																				x

Abb. 6. Die Tabelle gibt die Enthaltenseinsrelation für die Harmonieformen der diatonischen Tonleiter an; z. B. besagt das Kreuz im Schnitt der Zeile 1̄2̄6̄ und der Spalte 1̄2̄3̄, daß ein terzfreier Septakkord stets in einem quintfreien Nonakkord enthalten ist.

siebenstufigen Tonleiter beruht, bietet sich zur Vereinfachung die Beschränkung auf diese Skala an, d.h. Akkorde lassen sich durch Teilmengen der Zahlenmenge {1, 2, 3, 4, 5, 6, 7} repräsentieren. Einfache Zusammenhänge zwischen Akkordvorstellungen spiegeln sich in Aussagen wider wie „ein Septakkord enthält einen Dreiklang". Auf dem Weg zu Begriffen leitet das Denken aus Vorstellungen Gegenstände und Merkmale ab, was beispielhaft verdeutlicht werden soll an der geänderten Formulierung „ein Septakkord als Gegenstand hat das Merkmal, einen Dreiklang zu enthalten". In der Begriffslehre wird ein Begriff als das Insgesamt seiner Gegenstände und Merkmale erklärt, was für beschränkte Gegenstands- und Merkmalsbereiche eine mengensprachliche Begriffsanalyse ermöglicht. Leitet man für Akkorde wie angedeutet Gegenstände und Merkmale ab (Abb. 6), so liefert die formale Begriffsanalyse[38] für die siebenstufige Tonskala ein hierarchisches System von 42 Akkordbegriffen (Abb. 7). Ein derartiges Begriffssystem erweist sich als hilfreich für die Suche geeigneter Merkmalssysteme, wobei die durchsichtige mathematische Ableitung eine auch

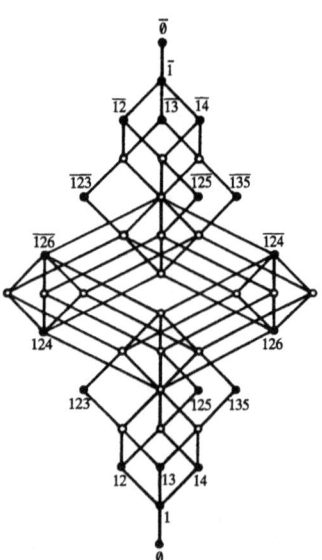

Abb. 7. Die kleinen Kreise des Diagramms stellen die 42 Akkordbegriffe dar, die aus der Tabelle in Abb. 14 ableitbar sind; der am weitesten links aufgeführte Kreis steht z. B. für den Begriff, der als Gegenstände die Harmonieformen ∅, 1, 12, $\overline{13}$, $\overline{14}$, $\overline{123}$, $\overline{124}$ umfaßt und als Merkmale das Enthaltensein in den Harmonieformen $\overline{\emptyset}$, $\overline{1}$, $\overline{12}$, $\overline{13}$, $\overline{14}$, $\overline{123}$, $\overline{126}$ beinhaltet.

inhaltlich begründete Auswahl ermöglicht; gewonnen werden dazu Erkenntnisse der Art, daß ein vollständiges Merkmalsystem für die Akkordbegriffe der siebenstufigen Tonskala mindestens 13 (einfache) Merkmale umfassen muß. Die skizzierte Methode läßt sich auch benutzen, um bestehende Begrifflichkeiten der Harmonik von Rameau bis Wolpert zu analysieren und einzuordnen.

Entscheidend ist, daß sich mathematische Methoden möglichst eng an musiktheoretische Intentionen anlehnen, damit stets – selbst bei komplizierteren Gedankengängen – auch musikalisch begründbare Urteile möglich sind. Da die Musiktheorie als wichtige Aufgabe die kategoriale Formung musikalischen Erlebens hat, bietet sich gerade die formale Begriffsanalyse als eine erfolgversprechende Methode an. Es sei angemerkt, daß die formale Begriffsanalyse aus langjährigen Bemühungen um die Restrukturierung von Mathematik entstanden ist und sich in Grundvorlesungen für Sozialwissenschaftler gerade als Verständigungsmittel bewährt hat[39].

Die lange gemeinsame Geschichte hat natürlich manche mathematischen Bruchstücke in der Musiktheorie zurückgelassen. Daß diese häufig mehr Verwirrung stiften als nützen, soll an einem einfachen Beispiel, einem Zitat aus Herbert Eimerts „Lehrbuch der Zwölftontechnik" (1952), demonstriert werden: *Dagegen bleibt zu bedenken, daß der Tritonus nicht nur aus sechs Halbtönen besteht, sondern daß er selbst der siebte Ton ist, deren es im ganzen zwölf gibt. Der Tritonus halbiert zwar die Oktave, aber er teilt auch die Zwölftonreihe (von c bis h) im Verhältnis 7:12, – das ist alles andere als „neutral", die wahre Kabala der Musik, ein tief magisches Verhältnis, über welches das Denken nicht mehr zur Ruhe kommt*[40].

Die unzulässige Vermischung von Ordinal- und Kardinalzahlen, durch die im Zitat dem Tritonus tiefe Magie angehängt wird, ist Ausdruck einer tieferliegenden Unstimmigkeit, die immer wieder im musiktheoretischen Denken aufbricht und dadurch entsteht, daß sich das Denken in Tönen und das Denken in Intervallen gegeneinander querstellen. Derartige Probleme lassen ein abgestimmtes mathematisches Sprachsystem für die Musiktheorie als wünschenswert erscheinen, auf das im Rückgriff Unklarheiten beseitigt und Erkenntnisse gesichert werden können. *Für ein solches Sprachsystem eignet sich* – wie ich näher in meiner Untersuchung „Mathematische Sprache in der Musiktheorie" ausgeführt habe – *die Form einer extensionalen Standardsprache im Sinne von Helmut Schnelle. Eine Standardsprache der Musiktheorie gewinnt man aus der musiktheoretischen Fachsprache durch Explikation der logischen Form und der Begriffe, wobei die radikale Reduktion von*

Mehrdeutigkeiten und Vagheiten angestrebt wird. Die Genauigkeit der Darstellung soll in einer Standardsprache durch systematische Verwendung von Grammatik und Wörtern der Fach- bzw. Gemeinsprache einen derart hohen Grad erreichen, daß die Standardsprache als unmittelbares Übersetzungskorrelat einer logischen Zeichensprache (Konstruktsprache) verstanden werden kann. Besondere Klarheit erhält die extensionale Standardsprache der Musiktheorie dadurch, daß ihre syntaktischen Ausdrucksgestalten nur Mengen, Elemente von Mengen oder Wahrheitswerte bezeichnen, daß man in ihr also die Begriffe auf ihren Umfang hin expliziert vorfindet und daß die logische Form als Prädikatenlogik bereitsteht[41]. Starke Impulse erhält die Entwicklung einer musiktheore-

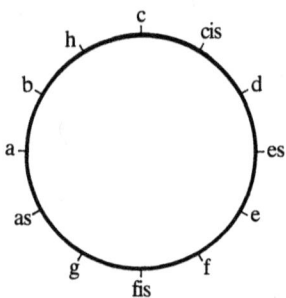

Abb. 8. Die Sprachebene der gleichstufigen 12-Ton-Skala wird häufig (bei Einschränkung auf den Oktavbereich) durch ein Kreisbild veranschaulicht.

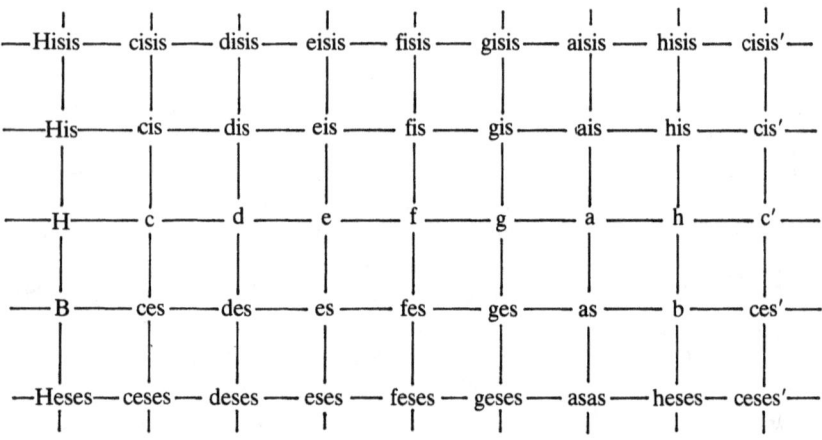

Abb. 9. Die Sprachebene der Tonnamen (Noten) läßt sich durch ein zweidimensionales Gitter darstellen.

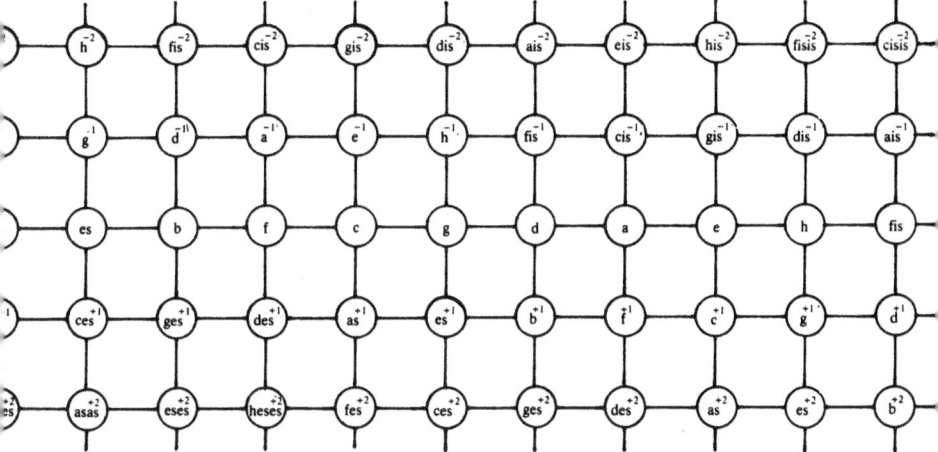

Abb. 10. Die Sprachebene der „reinen Stimmung" wird durch mehrdimensionale Gitter wiedergegeben; das aufgeführte Tonnetz beschreibt die Töne, die aus einem Bezugston (beispielsweise c) durch wiederholtes Abtragen von reinen Quinten und reinen großen Terzen gewonnen werden können.

tischen Standardsprache heute besonders aus dem Bereich Musik und Computer[42].

Bei den bisherigen Arbeiten zu einer extensionalen Standardsprache der Musiktheorie, die im Rahmen eines Forschungsvorhabens *„Mathemathische Musiktheorie"* an der Technischen Hochschule Darmstadt durchgeführt wurden, hat sich die Trennung gewisser Sprachebenen bewährt. So ist die Sprachebene der gleichstufigen 12-Ton-Skala, bei der man sich die Töne durch die Klaviertasten repräsentiert denken kann (Abb. 8), zu unterscheiden von der Sprachebene der Tonnamen, die in den Noten ihr Abbild finden (Abb. 9). Eine weitere Sprachebene liefert die „reine Stimmung", für die die auf Euler zurückgehende Darstellung durch mehrdimensionale Gitter[43] üblich geworden ist (Abb. 10). Gerade für die Beschreibung der Zusammenhänge zwischen den unterschiedlichen Sprachebenen sind mathematische Sprachmittel kaum zu entbehren.

In der Sprache der Musiktheorie gibt es eine ganze Reihe von Ausdrücken, die anzeigen, daß musiktheoretisches Denken auch von geometrischen Vorstellungen begleitet ist; man denke etwa an Worte wie „hoch", „tief", „Tonstufe", „Tonleiter", „Tonabstand", „Intervall", „Quintenzirkel" usw. Ein nicht geringer Einfluß kommt dabei sicherlich aus der Geometrie der Instrumente und der Notationssysteme. Allgemein dürfte die geometrische Veranschaulichung musik-

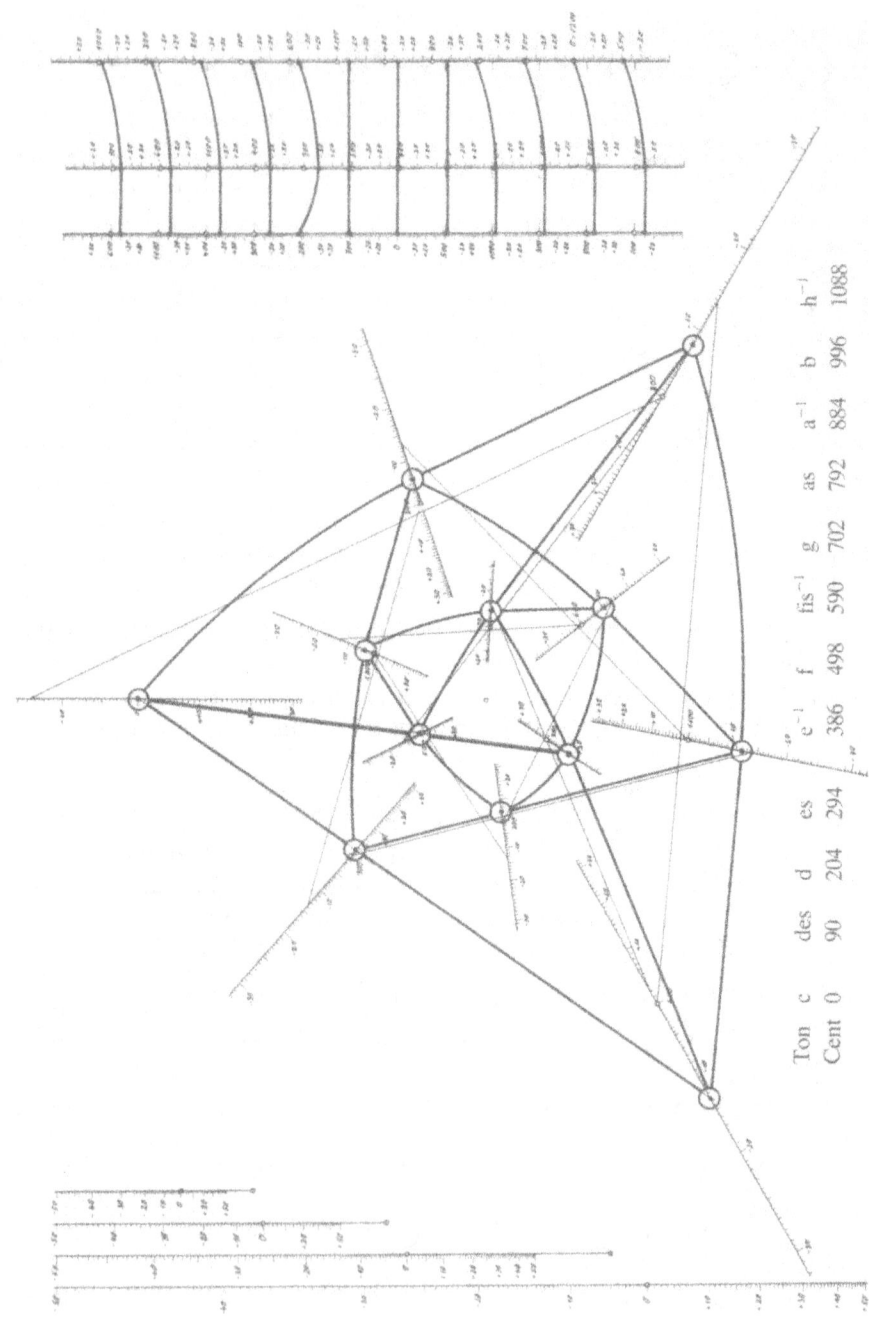

Ton	c	des	d	es	e^{-1}	f	fis^{-1}	g	as	a^{-1}	b	h^{-1}
Cent	0	90	204	294	386	498	590	702	792	884	996	1088

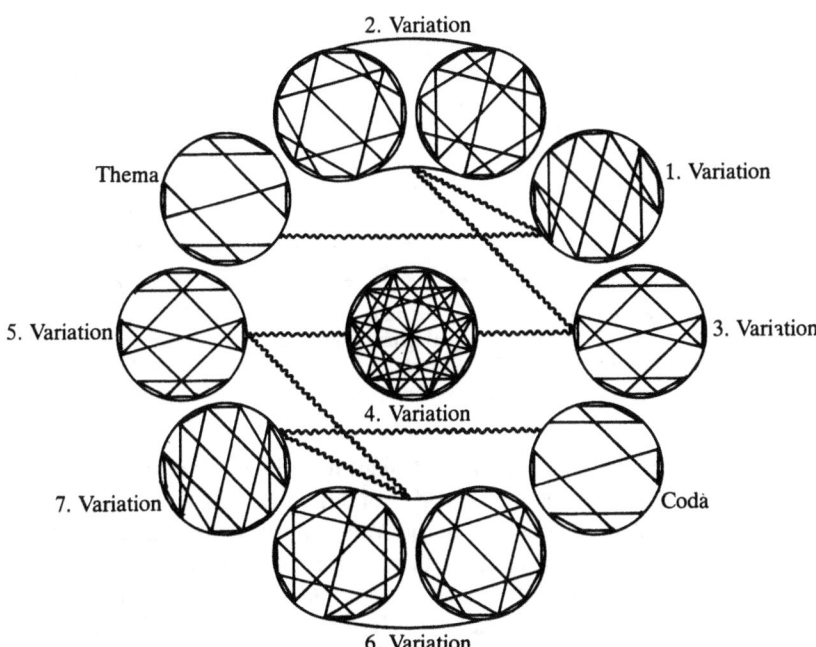

Abb. 12. Die Abbildung veranschaulicht die Symmetriestruktur des zweiten Satzes der Sinfonie op. 21 von Anton Webern. Die auftretenden Zwölftonreihen sind jeweils in den Kreis der Halbtonstufen als Streckenzüge eingetragen. Dreht man das Schaubild um 180°, so erkennt man die Hauptsymmetrie der Komposition: wie die Reihe selbst gleicht der ganze Satz einer Transposition seines Krebses ([41], Seite 17).

theoretischen Denkens viel zum Verstehen formaler Zusammenhänge in der Musik beitragen. So ist auch hier die Mathematik mit herausgefordert, systematisch geometrische Darstellungsmittel für musiktheoretische Sachverhalte zu entwickeln. In meinem Artikel „*Symmetrien in der Musik – Thema für ein Zusammenspiel von Musik und Mathematik*" habe ich von einigen Untersuchungen, bei denen die Veranschaulichung von Symmetrien im Vordergrund steht, berichtet (Abb. 11 und 12).

◁ *Abb. 11.* In dem Diagramm der zwölf (konzentrischen) Skalen können unterschiedliche Stimmungsvorschläge für Tasteninstrumente veranschaulicht werden. Die zwölf Töne von c bis h sind jeweils nach ihrer Tonhöhe (in Cent) in eine der Skalen einzutragen und durch Kurven zu verbinden, wenn sie einen Durdreiklang bilden. Je reiner der jeweilige Durdreiklang eingestimmt ist, desto weniger ist die zugehörige Kurve gekrümmt. In das Diagramm ist ein Stimmungsvorschlag von Johann Philipp Kirnberger (1721–1783) eingezeichnet, den möglicherweise J. S. Bach seinem „Wohltemperierten Klavier" zugrunde gelegt hat ([41], Seite 15).

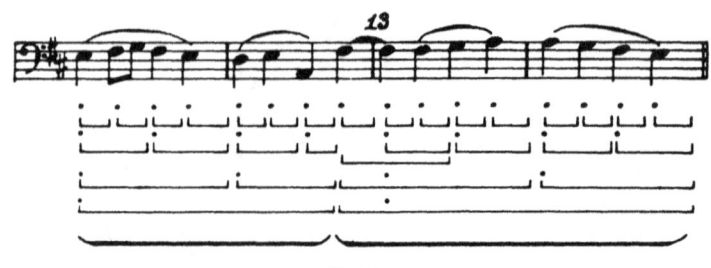

Abb. 13. Im Musikdenken hat ein Zeitpunkt als Ende einer Tondauer eine andere Qualität als derselbe Zeitpunkt zu Beginn einer Tondauer. Deshalb sind in dem angegebenen Beispiel ([22], Seite 126) die Zeitpunkte zwischen den Tönen durch die Gliederungsklammern zweigeteilt.

Daß bei ihrer Zusammenarbeit nicht nur die Mathematik der Musiktheorie ihre Denkmuster auflegt, sondern die Musiktheorie aus dem Musikdenken erwachsend auch die Mathematik zum Umdenken veranlassen kann, soll abschließend an einem Beispiel aufgezeigt werden. Das Messen der Zeit durch reelle Zahlen steht in einem eigenartigen Konflikt mit den Vorstellungen von Tondauern (Abb. 13). Die Vorstellung von zwei unmittelbar aufeinanderfolgenden Tönen wirft die Frage auf: Was ertönt zum Zeitpunkt der Ablösung des ersten Tones durch den zweiten? Ist es noch der erste Ton oder schon der zweite? Sind es gar beide oder ertönt nichts? Seit der griechischen Antike ist dieses Problem in der Form eines der Zenonischen Paradoxien bekannt, die besagt, *daß der fliegende Pfeil in jedem Augenblick an einem Ort ist, also in keinem Augenblick den Ort wechselt, somit überhaupt ruht*[44]. Offenbar liegt das Problem im Verhältnis von Dauer und Augenblick. Eine sorgfältige Ableitung der Zeitbegriffe aus den Dauern als Zeitvorstellungen mit Methoden der formalen Begriffsanalyse – ganz entsprechend der beschriebenen Ableitung der Akkordbegriffe – liefert das überraschende Ergebnis, daß die Zeitpunkte nicht die kleinsten Zeitbegriffe sind, sondern jeweils in einen Endteil und einen Anfangsteil zerfallen[45]. Das löst auch das Problem der unmittelbar aufeinanderfolgenden Töne: der erste Ton erklingt abschließend zum Endteil des Ablösungszeitpunktes, worauf unmittelbar zum Anfangsteil des Ablösungszeitpunktes der zweite Ton einsetzt. Um in diesem Sinne die Zeit messen zu können, muß man jede der reellen Zahlen in zwei neue Zahlen aufspalten – auch für Mathematiker ein ungewohnter Gedanke! In seiner Antwort auf die Zenonische Paradoxie kam Aristoteles dieser verfeinerten Zeitauffassung sehr nahe; er schreibt: *Die Zeit besteht nicht aus Zeitpunkten, sondern diese sind nur die Grenzen der „Zeiten"*[46] (Dauern).

Vor zehn Jahren habe ich in einem Vortrag zum Studium Generale der Universität Freiburg schon einmal über die gleiche Thematik vorgetragen, damals unter dem Titel „Mathematik und Musiktheorie"[47]. Inhalt des Vortrages war der Versuch von Antworten auf die Frage: *Was kann Mathematik heute für die Musiktheorie leisten?* Die Antworten waren konzentriert in sieben Thesen, die an Aktualität nichts eingebüßt haben. Als abrundende Ergänzung sollen die programmatischen Thesen noch einmal aufgeführt werden.

These 1: *Mathematik kann die Grundlage für eine Theoriesprache der Musik abgeben.*

These 2: *Eine mathematische Theoriesprache der Musik ermöglicht (und erzwingt) exakte Definitionen musiktheoretischer Begriffe.*

These 3: *Mathematik kann methodische Hilfe bei der Explikation musiktheoretischer Begriffe geben.*

These 4: *Mathematik kann vollständige und effektive Bezeichnungssysteme für musiktheoretische Begriffe bereitstellen.*

These 5: *Mathematik liefert der Musiktheorie Verfahren für deduktives Schließen.*

These 6: *In einer mathematischen Theoriesprache der Musik kann man zu Fragestellungen vollständige Übersichten der möglichen Lösungen angeben.*

These 7: *Mathematik regt die Musiktheorie zu neuen Begriffsbildungen und Untersuchungen an*[48].

Wolfgang Graeser wäre heute 77 Jahre alt. Wie es wohl um das Verhältnis von Musiktheorie und Mathematik stände, wenn er mehr als 50 Jahre hätte weiterarbeiten können? Hätte er seinen bahnbrechenden Entwurf einer mathematischen Musiktheorie in voller Breite ausgeführt? Hätte er das antikisch-statische Theoriegerüst durch eine faustisch-dynamische Konstruktion überhöht? Hätte er gar – aus seiner Einsamkeit auf eisigen, sturmdurchtobten Höhen zurückgekehrt – den Drang nach Erkenntnis des absolut Gültigen überwunden? Diese Fragen müssen unbeantwortet bleiben. Vielleicht stände für Wolfgang Graeser heute gegen Ende des 20. Jahrhunderts – mehr als das Tonsystem, mehr noch als das Kunstwerk – die Verständigung über Musik im Zentrum des Interesses.

Anmerkungen

1. H. Riemann: Geschichte der Musiktheorie [28], Seite VII.
2. W. Graeser: Bachs „Kunst der Fuge" [13], Seite 12.
3. [13], Seite 17.
4. W. Graeser: Neue Bahnen in der Musikforschung [14], Seite 302.
5. [14], Seite 303.
6. [14], Seite 303.
7. H. Zurlinden: Wolfgang Graeser [51], Seite 93.
8. [14], Seite 303.
9. H. Schmidt: Philosophisches Wörterbuch [30], Seite 175.
10. B. L. van der Waerden: Die Pythagoräer [36], Seite 104.
11. Vgl. auch B. L. van der Waerden: Die Harmonielehre der Pythagoräer [35].
12. [36], Seite 371.
13. Vgl. hierzu I. Düring: Die Harmonielehre des Klaudios Ptolemaios [10].
14. Augustinus: De musica [2].
15. Vgl. hierzu M. Bense: Konturen einer Geistesgeschichte der Mathematik II [4], Seiten 187f.
16. Vgl. hierzu J. Kepler: Harmonice mundi [19].
17. H. de la Motte-Haber, P. Nitsche: Begründungen musiktheoretischer Systeme [25], Seite 53.
18. [25], Seite 54.
19. Vgl. hierzu H. R. Busch: Leonhard Eulers Beitrag zur Musiktheorie [6].
20. H. Riemann: Ideen zu einer „Lehre von den Tonvorstellungen" [29], Seite 14.
21. Vgl. D. J. Struik: Abriß der Geschichte der Mathematik [32].
22. M. Atiyah: Wandel und Fortschritt in der Mathematik [1], Seiten 211f.
23. E. Křenek: Über neue Musik [21], Seiten 80f.
24. [21], Seite 82.
25. M. Stroh: Mathematik und Musikterminologie [31], Seite 51.
26. Vgl. hierzu I. Xenakis: Formalized music, thoughts and mathematics in composition [48].
27. Vgl. hierzu G. Mazzola: Gruppen und Kategorien in der Musik [23].
28. C. Dahlhaus: Musikwissenschaft und Systematische Musikwissenschaft [7], Seite 39.
29. H. von Hentig: Magier oder Magister? [16], Seite 27.
30. Vgl. A. Wellek: Musikpsychologie und Musikästhetik [38], Seiten 8f.
31. [16], Seiten 33f.
32. Allgemeine Überlegungen zur Restrukturierung von Mathematik finden sich in [9] und [42].
33. P. Faltin: Phänomenologie der musikalischen Form [12], Seite VII.
34. Vgl. H. de la Motte-Haber: Musikalische Hermeneutik und empirische Forschung [24], Seiten 191 ff.; Kritik an der inhaltlichen Deutung von Dimensionen findet man z.B. in: P. R. Hofstätter, D. Wendt: Quantitative Methoden der Psychologie [18], Seite 204.
35. Vgl. G. Zarlino: Istitutioni harmoniche [50].
36. Vgl. J.-Ph. Rameau: Traité de l'harmonie [26].
37. F. A. Wolpert: Neue Harmonik [47].
38. Vgl. R. Wille: Liniendiagramme hierarchischer Begriffssysteme [46], Seiten 46f.
39. Vgl. hierzu [9], [42], [43] und [44].
40. H. Eimert: Lehrbuch der Zwölftontechnik [11], Seite 13.
41. R. Wille: Mathematische Sprache in der Musiktheorie [40], Seite 170.

42 Vgl. hierzu die Bibliographien [20] und [33].
43 Vgl. hierzu M. Vogel: Die Lehre von den Tonbeziehungen [34], Seiten 102 ff.
44 Zitiert nach [37], Seite 431.
45 Vgl. R. Wille: Zur Ordnung von Zeit und Raum [45].
46 Zitiert nach [37], Seite 431.
47 Vgl. R. Wille: Mathematik und Musiktheorie [39].
48 [39], Seiten 238 ff.

Literatur

[1] Atiyah, M.: Wandel und Fortschritt in der Mathematik. In: M. Otte (Hrsg.): Mathematiker über die Mathematik. Springer-Verlag, Berlin – Heidelberg – New York 1974, 203–218
[2] Augustinus, A.: De musica. Deutsche Übertragung von C. J. Perl, Paderborn 1937
[3] Becker, O.: Frühgriechische Mathematik und Musiklehre. Archiv für Musikwissenschaft *14* (1957), 156–164
[4] Bense, M.: Konturen einer Geistesgeschichte der Mathematik, Band II: Die Mathematik in der Kunst. Claassen & Goverts, Hamburg 1949
[5] Boëthius, A. M. S.: De institutione musica. In: G. Friedlein (Hrsg.): Anicii M. T. S. Boetti de institutione arithmetica, de institutione musica; accedit geometria quae fertur Boeti. Teubner Verlag, Leipzig 1867
[6] Busch, H. R.: Leonhard Eulers Beitrag zur Musiktheorie. Bosse Verlag, Regensburg 1970
[7] Dahlhaus, C.: Musikwissenschaft und Systematische Musikwissenschaft. In: Neues Handbuch der Musikwissenschaft, Bd. 10: Systematische Musikwissenschaft. Athenaion, Wiesbaden 1982, 25–48
[8] Descartes, R.: Musicae Compendium. Herausgegeben und ins Deutsche übertragen als „Leitfaden der Musik" von J. Brockt. Wissenschaftliche Buchgesellschaft 1978
[9] Dorn, G., Frank, R., Ganter, B., Kipke, U., Poguntke, W., Wille, R.: Forschung und Mathematisierung – Suche nach Wegen aus dem Elfenbeinturm. Berichte der Arbeitsgruppe Mathematisierung der GH Kassel, Heft 3 (1982), 228–240; auch in: Wechselwirkung *15* (1982), 20–23
[10] Düring, I.: Die Harmonielehre des Klaudios Ptolemaios. Högskolas Arsskrift XXXVI, Göteborg 1930
[11] Eimert, H.: Lehrbuch der Zwölftontechnik. Breitkopf & Härtel, Wiesbaden 1952
[12] Faltin, P.: Phänomenologie der musikalischen Form. Eine experimentalpsychologische Untersuchung zur Wahrnehmung des musikalischen Materials und der musikalischen Syntax. Steiner Verlag, Wiesbaden 1979
[13] Graeser, W.: Bachs „Kunst der Fuge". In: Bach-Jahrbuch 1924, 1–104
[14] Graeser, W.: Neue Bahnen in der Musikforschung. In: Beethoven-Zentenarfeier, Internationaler Kongreß, Wien 1927, 301–303
[15] Graeser, W.: Körpersinn. Gymnastik – Tanz – Spiel. Beck'sche Verlagsbuchhandlung, München 1927
[16] Hentig, H. von : Magier oder Magister? Über die Einheit der Wissenschaft im Verständigungsprozeß. Klett Verlag, Stuttgart 1972
[17] Hilbert, D.: Grundlagen der Geometrie. 10. Auflage. Teubner, Stuttgart 1968
[18] Hofstätter, P. R., Wendt, D.: Quantitative Methoden der Psychologie, Bd. 1: Deskriptive, Inferenz- und Korrelationsstatistik. 4., neu bearb. Auflage. Barth, Frankfurt 1974

[19] Kepler, J.: Harmonice mundi. Gesammelte Werke Bd. VI. Beck, München 1940
[20] Kostka, S. M.: A bibliography of computer application in music. Joseph Boonin, Inc., Hackensack (N. J.) 1974
[21] Křenek, E.: Über neue Musik. Neudruck. Wissenschaftliche Buchgesellschaft, Darmstadt 1977
[22] Lerdahl, F., Jackendoff, R.: A generative theory of tonal music. MIT Press, Cambridge (Mass.) 1983
[23] Mazzola, G.: Gruppen und Kategorien in der Musik – Entwurf einer mathematischen Musiktheorie. Heldermann Verlag, Berlin 1985
[24] Motte-Haber, H. de la : Musikalische Hermeneutik und empirische Forschung. In: Neues Handbuch der Musikwissenschaft, Bd. 10: Systematische Musikwissenschaft. Athenaion, Wiesbaden 1982, 171–244
[25] Motte-Haber, H. de la, Nitsche, P.: Begründungen musiktheoretischer Systeme. In: Neues Handbuch der Musikwissenschaft, Bd. 10: Systematische Musikwissenschaft. Athenaion, Wiesbaden 1982, 49–80
[26] Rameau, J.-Ph.: Traité de l'harmonie, Reduite à ses Principes naturels. Paris 1722
[27] Riemann, H.: Musikalische Logik. Hauptzüge der physiologischen und psychologischen Begründung unseres Musiksystems. Leipzig 1873
[28] Riemann, H.: Geschichte der Musiktheorie im 9.–19. Jahrhundert. Leipzig 1898
[29] Riemann, H.: Ideen zu einer Lehre der Tonvorstellungen. Jahrbuch der Musikbibliothek Peters 21/22 (1914/15), 1–26. Nachdruck in: B. Dopheide (Hrsg.): Musikhören. Wissenschaftliche Buchgesellschaft, Darmstadt 1975, 14–47
[30] Schmidt, H.: Philosophisches Wörterbuch. 19. Aufl. (neu bearbeitet von G. Schischkoff). Kröner Verlag, Stuttgart 1974
[31] Stroh, W. M.: Mathematik und Musikterminologie. In: H. H. Eggebrecht (Hrsg.): Zur Terminologie der Musik des 20. Jahrhunderts. Musikwissenschaftliche Gesellschaft, Stuttgart 1974, 33–54
[32] Struik, D. J.: Abriß der Geschichte der Mathematik. VEB Deutscher Verlag der Wissenschaften, Berlin 1976
[33] Tjepkema, S. L.: A bibliography of computer music. University of Iowa Press, Iowa City 1981
[34] Vogel, M.: Die Lehre von den Tonbeziehungen. Verlag für systematische Musikwissenschaft, Bonn-Bad Godesberg 1975
[35] Waerden, B. L. van der: Die Harmonielehre der Pythagoräer. In: Hermes 78 (1943), 163–199
[36] Waerden, B. L. van der: Die Pythagoräer. Religiöse Bruderschaft und Schule der Wissenschaft. Artemis Verlag, Zürich und München 1979
[37] Weizäcker, C. F. von: Die Einheit der Natur. Hanser Verlag, München 1972
[38] Wellek, A.: Musikpsychologie und Musikästhetik. Akademische Verlagsgesellschaft, Frankfurt 1963
[39] Wille, R.: Mathematik und Musiktheorie. In: G. Schnitzler (Hrsg.): Musik und Zahl. Verlag für systematische Musikwissenschaften, Bonn-Bad Godesberg 1976, 233–264
[40] Wille, R.: Mathematische Sprache in der Musiktheorie. In: Jahrbuch Überblicke Mathematik 1980. Bibliographisches Institut, Mannheim 1980, 167–184
[41] Wille, R.: Symmetrien in der Musik – Thema für ein Zusammenspiel von Musik und Mathematik. Neue Zeitschrift für Musik 143 (1982), Heft 12, 12–19
[42] Wille, R.: Versuche der Restrukturierung von Mathematik am Beispiel der Grundvorlesung „Lineare Algebra". In: B. Artmann (Hrsg.): Beiträge zum Mathematikunterricht 1981. Schroedel Verlag, Hannover 1981, 102–112

[43] Wille, R.: Mathematik für Sozialwissenschaftler. Vorlesungsskript, TH Darmstadt 1981/82
[44] Wille, R.: Restructuring lattice theory: an approach based on hierarchies of concepts. In: I. Rival (ed.): Ordered sets. Reidel, Dordrecht-Boston 1982, 445–470
[45] Wille, R.: Zur Ordnung von Zeit und Raum – eine Untersuchung im Rahmen der formalen Begriffsanalyse. Vortrag auf der Jahrestagung der Deutschen Mathematiker Vereinigung, Köln 1983
[46] Wille, R.: Liniendiagramme hierarchischer Begriffssysteme. In: H.-H. Bock (Hrsg.): Anwendungen der Klassifikation: Datenanalyse und numerische Klassifikation. Indeks Verlag, Frankfurt 1984, 32–51
[47] Wolpert, F. A.: Neue Harmonik. Heinrichhofen, Wilhelmshaven 1972
[48] Xenakis, I.: Formalized music, thoughts and mathematics in composition. Indiana University Press, Bloomington 1972
[49] Zaminer, F. (Hrsg.): Über Musiktheorie. Volk Verlag, Köln 1970
[50] Zarlino, G.: Istitutioni harmoniche. Venedig 1558
[51] Zurlinden, H.: Wolfgang Graeser. Beck'sche Verlagsbuchhandlung, München 1935

Helga de la Motte-Haber

Rationalität und Affekt
Über das Verhältnis von mathematischer Begründung und psychologischer Wirkung der Musik

1. Die Musik als tönendes Gleichnis rationaler Ordnungen und die Möglichkeit einer Fundierung der Affekte in der Proportion

„... daß die Malerei ebensolche Kräfte wie die Musik [besitzt], entwickeln könne", dieser Wunsch von Kandinsky erfüllte sich um 1910 in Gemälden, die sich von der Nachahmung der gegenständlichen Welt lossagten, um zur reinen Darstellung der Harmonie der Formen und Farben zu gelangen. Die Titel Komposition, Rhythmus, Improvisation, Konzert und Fuge verweisen auf musikalische, wenngleich nicht auf akustische Vorstellungen. Die abstrakte Malerei ist das Resultat einer Entwicklung, die um 1800 einsetzt, deren Ziel die Musikalisierung der Bildenden Kunst und der Dichtung war, einer Entwicklung, die das Spezifische der einzelnen Kunstgattungen zurücktreten ließ zugunsten allgemeiner struktureller Eigenschaften, die eine Analogie zu musikalischen Erscheinungen ermöglichten. „Klang um Klang", so der Titel eines Gedichts von Joseph von Eichendorff, zu komponieren, schwebte noch Stefan George vor, wenn er den Wert der Dichtung allein durch die Form jenes tief Erregende in Maß und Klang bestimmt wissen wollte. Dafür, daß die Musik verallgemeinerbar erschien, war einmal die von Karl Philipp Moritz geäußerte Idee Voraussetzung, die Kunst repräsentiere das Universum und sei deshalb autonom. Zum zweiten genügte diesem Anspruch am besten die abstrakteste aller Kunstgattungen, die Musik, die als tönendes Gleichnis der ewigen Harmonie begriffen werden konnte. „Die musikalischen Verhältnisse scheinen recht eigentlich die Grundverhältnisse der Natur zu sein." Diese Auffassung von Novalis fügte sich nahtlos in Schellings Vorlesungen über Philosophie und Kunst (1802/3) ein, wo es heißt: „Auch im Sonnensystem drückt sich das ganze System der Musik aus." Die Deutung der Musik als Inbegriff höherer logischer Ordnungen, dieser abstrakte Musikbegriff war um 1800 neu; zugleich reflektierte diese Deutung wahrscheinlich uralte Vorstellungen – wofür der Anfang von Goethes Faust als Indiz herangezogen werden könnte oder andere Verweise der Romantiker auf die

Idee der Sphärenharmonik. Es ist im Zusammenhang mit der Frage nach dem Verhältnis von Rationalität und Affekt weniger wichtig, die historische Verwurzelung dieses Musikbegriffs zu präzisieren als seine Parallelität mit anderen Anschauungen zu prüfen, weil Übereinstimmungen etwas vom komplizierten Wechselspiel enthüllen könnten, das die Musik einerseits zu einer abstrakt-logisch wirkenden und andererseits zur gefühlsintensivsten Kunst macht.

Ebenfalls ein emphatisches Verständnis von den Verhältnissen der Musik als einer abstrakten systemlichen Ordnung, die das Abbild der Grundverhältnisse der Welt sei, findet sich in der Antike und im Mittelalter. Abstrakt war der pythagoreisch-platonische Begriff von Musik, implizierte er doch regelrecht die mathematische Beschreibung. Das der Musik zugrundeliegende System erschien geregelt von der Ordnung der Zahl, wobei einfache Zahlenverhältnisse eine Sonderstellung einnahmen. Sie regelten nicht nur die Bildung von Tetrachorden und Tongeschlechtern, sie stellten vielmehr ein allordnendes metaphysisches Prinzip dar, das jede Art von Analogien ermöglichte. Der Versuch, die Bewegung der Planeten im Hinblick auf musikalische Proportionen zu beschreiben, wie es Kepler noch 1610 versuchte, ist in die Antike zurückzudatieren (wenngleich schon von Aristoteles bestritten wurde, daß die Sphärenmusik regelrecht töne). Die Begründung der Musik durch die Zahl trieb im Mittelalter, für das vor allem Boethius die pythagoreische Lehre tradierte, die Beschäftigung mit der Musik in eine Abstraktion, die die real erklingende Musik uninteressant erscheinen ließ, neben dem wissenschaftlichen Anspruch ihr Wesen erfassen zu können. Die praktische Musikausübung war neben dem Tischlerhandwerk eine ars faciendi, die jeder beherrschen konnte, der sich die Summe der Lehrsätze aneignete. Die Musik, eine der sieben freien Künste, galt im Quadrivium neben der Arithmetik, der Geometrie und der Astronomie als eine wissenschaftliche Disziplin nicht als praktische Kunstübung. Sie war ein nur intelligibel zu erfassender Sachverhalt, an eine reine Verstandestätigkeit gebunden, die im Unterschied zur Arithmetik nicht feststehende, sondern bewegliche Zahlenverhältnisse erfaßte. Das Artifizielle der Musik zeigte sich in Rechenkünsten (z. B. zur Konsonanzbestimmung). Und aufgrund der Möglichkeit einer höchst theoretischen mathematischen Bestimmung erschien die Musik fest eingebunden in das ganze Weltall. Die musica instrumentalis, das tönende Klangbild, war ein Abbild der musica mundana, der Harmonie der Welt, wie der musica humana, den geordneten Proportionen des menschlichen Körpers. „Die musikalischen Verhältnisse schienen recht eigentlich die Grundverhältnisse der Welt zu sein." Die kontemplative

Versenkung in die mathematische Struktur des Tonsystems offenbarte den Blick auf die Himmelsmechanik. Musik als tönendes Gleichnis der Weltenharmonie wurde im 19. Jahrhundert sehr viel unbestimmter begriffen, weil ihre Ordnungen nicht mehr immer durch mathematische Operationen präzisiert werden konnten. Gemeinsam ist den beiden so verschiedenen Musikbegriffen die Abstraktion von der real-klanglichen Erscheinung. Die Musik erschien als Vergegenständlichung oder als Ausdruck allgemeiner Grundverhältnisse, die auch den Planeten und den Sonnen innewohnen. Im Unterschied zur Antike wurde aber diese Ordnung im 19. Jahrhundert für so vollkommen gehalten, daß sie nicht in einem anderen System – auch nicht dem der logisch-abstrakten Begriffe der Mathematik – abgebildet werden konnte.

Die Zahl als präzisierendes Instrument wurde erst wieder in den ästhetischen Anschauungen des 20. Jahrhunderts bedeutsam. Mit ihr ließ sich für die Neue Musik ein gesteigerter Anspruch der Rationalität verwirklichen, von dem zugleich gehofft wurde, er könne für die Ordnung der Verhältnisse im allgemeinen erhoben werden. Die seriellen Werke, bei denen mathematische Operationen der Konstruktion einer stimmigen integralen Komposition dienten, entsprangen dem Wunsch, das logische Kalkül möge in einer chaotischen Welt Ordnung stiften.

Halten wir als Ergebnis des Vergleichs fest: Die Idee einer systemlichen Ordnung, die die musikalischen Verhältnisse der Harmonie der Welt analog erscheinen läßt, taucht in den ästhetischen Anschauungen immer und immer wieder auf. Und in sehr verschiedenen, durch große Zeiträume getrennten kulturellen Zusammenhängen versuchte man diese Harmonien durch Zahlen festzuschreiben, so als erkläre die Logik der Mathematik die Logik der Welt und damit der Musik. Solche mathematischen Begründungen nehmen damit den Rang einer metaphysischen Instanz ein. Auch in der klanglichen Gestalt eines Musikstücks findet ein höheres Prinzip seinen Ausdruck.

Die Anschauung, Musik sei der Inbegriff logischer Ordnung, implizierte aber nicht zu allen Zeiten die gleiche Auffassung über ihre klangsinnliche Wirkung. Vielmehr zeigen sich sehr grundsätzliche Unterschiede, einmal dahingehend, ob überhaupt eine affekte Wirkung angestrebt wurde, und zum zweiten, inwieweit eine Begründung der bewegenden Kraft der Musik durch die logischen Strukturen möglich erschien.

Da in der Antike und im Mittelalter angenommen wurde, daß die menschlichen Organe denselben Prinzipien folgen wie die Musik, war leicht eine Lehre von den Wirkungen zu konstruieren, die sehr präzise den Affektgehalt, etwa einer Tonart, bestimmte in Abhängigkeit von den Proportionen. Die Bedeutsamkeit dieser Lehre zeigt sich noch in der Diskussion um den Ausdrucksgehalt der Tonarten in der tonalen Musik, obwohl dort die Tonarten ganz anderen Prinzipien folgen. Weil die Zahlen nicht als ein mathematisches, sondern als ein metaphysisches Prinzip begriffen wurden, war es möglich, sie auch als Vorordnung der Affekte zu begreifen. In dem Maße aber, in dem solche Glaubensüberzeugungen schwanden, die musica humana und instrumentalis nicht mehr auf die musica mundana bezogen wurden, wurde die Gleichsetzung von Proportion und Affekt problematisch bis dahin, daß im 20. Jahrhundert Musik, deren ästhetische Intentionen sie zum glasklaren Kalkül machten, weder einen Affekt ausdrücken noch bewirken wollte. Und gerade die Musik, mit der sich die intensivsten emotionalen Wirkungen verbanden, die Musik des 19. Jahrhunderts, erschien zwar noch als ein System von vollkommenen Verhältnissen, aber dieses System erklärte nicht mehr die psychologische Wirkung, sondern es wurde gerade umgekehrt durch psychische Gegebenheiten fundiert. Für die Musik der Klassik und Romantik war es nur begrenzt möglich, ihre logisch wirkenden Zusammenhänge auf einfache mathematische Proportionen zurückzuführen. Selbst ein Dreiklang ist im temperierten System, das die Voraussetzung für die Entfaltung der Instrumentalmusik war, ein höchst komplizierter Bruch. Entscheidend für den Charakter dieser Musik als Gleichnis einer rationalen Ordnung wurde das Gefühl von wohl abgewogenen Harmonien und symmetrischen Gruppierungen, d.h. im Unterschied zur Antike, wurde die Rationalität des Tonsystems durch den Affekt begründet. Die musikalische Logik – Johann Nikolaus Forkel gebrauchte 1788 diesen Ausdruck zum ersten Mal – stellt sich als ein Empfinden von Zusammenhängen und Beziehungen dar. Und die komplizierten Verhältnisse, die zugleich den Eindruck auslösten – und darin alle von Menschen erfundenen gedanklichen Systeme übertrafen – Ausdruck einer vollkommenen Ordnung zu sein, machten diese Musik zur Metapher für das Universum. Das musikalische Tonsystem konnte in keinem anderen, auch nicht im mathematischen System nachgebildet werden, sondern diese anderen Systeme wurden der Musik abgelauscht. Man könnte auch überspitzt formulieren, nicht mehr die Musik, die den Eindruck des Absoluten bewirkte, erschien begründungsbedürftig, sondern die zahlentheoretischen Spekulationen, die ihrerseits nicht mehr durch ein metaphysisches Prinzip fundiert waren. Wie immer sich Parallelen ziehen lassen von dem sehr abstrakten Musikbegriff der Romantik zu früheren und späteren Zeiten, mit der Idee der absoluten Musik verschwand ein erklärendes Prinzip ihrer affektiven Wirkungen, das die Affekte der Rationalität nachgeordnet hatte.

2. Versuche der Begründung mathematischer Proportionen im Affekt

Erhebliche Zweifel an einer einfachen Gleichung von Affekt und Proportion tauchen schon in der Antike auf. Versteckt sind sie auch im Mittelalter zu finden. Frevelhaft gegen die Tradition der einfachen Zahlenverhältnisse verstoßend, hatte Timotheus, um einer größeren Wirkung halber die Saitenzahl seiner Kithara erhöht. Daß die konservativen Spartaner sie ihm einfach abgeschnitten haben sollen, verhinderte nicht, daß er uns in den antiken Zeugnissen als einer der eindrucksvollsten Musiker entgegentritt, quasi als antiker David. Sein Gesang stachelte Alexander den Großen zum Kampf an und besänftigte auch wiederum dessen Gemüt. Von einem politischen Mißbrauch der Musik wird glücklicherweise nicht berichtet. Bereits in einem Bilderzyklus, der in das Jahr 1257 datiert wird, repräsentiert im Quadrivium Pythagoras nur mehr die Arithmetik; Frau Musica legt ihre Rechenkünste in die Hand von Timotheus. Nicht daß die Zahlenspekulationen im 13. Jahrhundert bereits entkräftet wären, sie erschienen aber zunehmend der Fundierung bedürftig. Die Mathematik mußte geprüft werden. Im compendium musicae, das 1618 Descartes verfaßte, wird die ästhetische Wirkung der Musik dann regelrecht zum Axiom auch für die zahlentheoretischen Spekulationen. Die Fähigkeit der Sinne Vergnügen zu empfinden, gehört nach Descartes zu den Voraussetzungen, von denen eine Theorie der Musik ausgehen muß. Sie hat zu berücksichtigen, daß die Gestaltung gerade so schwierig und so abwechslungsreich sein soll, wie es dem natürlichen Verlangen der Sinne entspricht. Daraus folgt dann eine Kompositionslehre, die das Zeitmaß der Töne aus gleichen Teilen u. a. m. vorschreibt. Das Verhältnis angenehmer Affekte zu einfachen Zahlen und symmetrischen Konfigurationen ist noch gewahrt. Es wird nur umgekehrt dargestellt: Ungleiche Maße sind deshalb ohne Bedeutung, weil das Gehör ihre Unterschiede nur mit Mühen wahrnimmt. Und um dieses begründende „weil" zu stützen, fügt Descartes hinzu „wie die Erfahrung lehrt". Im 20. Jahrhundert wurden dann zahlreiche psychologische Experimente durchgeführt – favorisiert von der Gestaltstheorie und der Informationsästhetik –, die festhalten sollten, was die „Erfahrung lehrt". Und um das Ergebnis der im folgenden zusammengefaßten Studien vorwegzunehmen: welche Schwierigkeit, welche Proportion für einen ästhetischen Gegenstand als angemessen empfunden wird, gründet sich wohl auf eine bestimmte Fähigkeit der Sinne, Vergnügen zu empfinden; aber es sind daraus nicht wie Descartes dachte, Kriterien für die Gestaltungsweise zu entwickeln. Experimente, mit denen nachgewiesen werden sollte, welche Proportionen mit dem größten Vergnügen korreliere, sehen entweder vor, daß Personen eine Bewertung als „schön" oder „häßlich", oder eine Auswahl im Sinne „das gefällt mir" vorzunehmen haben. Eindrucksvoller als bei der Vorgabe von einfachen und komplexen Tonfolgen, die immer simpel wirken, ist die Beurteilung von geometrisch oder farblich gestalteten Mustern. Sie indiziert allerdings nur bei einer groben Zusammenfassung, es gäbe so etwas wie gute und mathematisch leicht beschreibbare symmetrische patterns, nicht zu regelmäßig, damit sie nicht langweilig wirken, nicht zu unüberschaubar, damit sie nicht chaotisch wirken. Bringt man diese Ergebnisse in Zusammenhang mit der in den 60er Jahren entwickelten Theorie von Berlyne, die die Aktivierung des Organismus und die Komplexität oder Neuheit einer Reizkonfiguration in Beziehung setzt, so ließe sich das Ausmaß an Wohlgefallen abhängig von einer mittleren Aktivierung als umgekehrt u-förmige Beziehung darstellen: d. h. maximales Wohlgefallen wird bei einer mittleren Erregung und damit einer mittleren Komplexität empfunden; steigt die Aktivierung bei zu komplizierten Wahrnehmungsleistungen an, so sinkt das Wohlgefallen ab und wirkt etwa so langweilig, daß es nicht aktiviert, so ist das Wohlgefallen Null. Einfach und plausibel ist diese Theorie; das sichert ihre Verbreitung. Das genaue Studium der bisher vorgelegten Daten birgt jedoch eine Fülle von Problemen. So ist Komplexität fast nicht objektiv festzustellen. Die objektiv ermittelten Beziehungen erfassen immer nur Teilaspekte, nicht aber das Insgesamt der Relationen. Fragen, die im Zusammenhang mit solchen Experimenten gestellt wurden, nämlich ob die Malerei von Kandinsky komplexer als die von Mondrian sei, sind nur so zu beantworten, daß man sie umformuliert, nämlich fragt, was Personen als komplex empfinden. Damit aber ist eine subjektive Einschätzung an die Stelle eines objektiv-charakterisierenden Maßes getreten. Und möglicherweise ist es sinnvoll zu sagen, es gefällt mir, was ich als relativ kompliziert empfinde, was mich nicht langweilt oder als Chaos anödet. Das subjektive Urteil darüber, was ausgewogen und harmonisch als wohlgefällig wirkt, ist aber so vielfach determiniert, daß es nicht zu einer Fundierung der objektiven Gegebenheiten dienen kann. Descartes irrte, wenn er meinte, die Erfahrung lehrt, daß Vergnügen mit einem mittleren Schwierigkeitsgrad korreliere. Was Menschen als einfach oder kompliziert empfinden, was ihnen gefällt oder nicht, ist nicht nur abhängig von der Gestaltung des

Gesehenen oder Gehörten, sondern auch vom sozialen Kontext, der Vorbildung und dem Insgesamt der Persönlichkeitsstruktur. Faktoren wie Offenheit, Mangel an Dominanz, Feinfühligkeit oder Ängstlichkeit spielen bei ästhetischen Bewertungen eine Rolle.

Die These einer Beziehung zwischen affektivem Empfinden und Faßbarkeit durch den Verstand ist sicher richtig; dafür bürgt allein ihre Zählebigkeit. Aber was dem Verstand faßbar erscheint, kann, es muß nicht in einer exakt zu beschreibenden Weise regelmäßig, symmetrisch gerade oder eben sein. An höchst unregelmäßigen ästhetischen Gebilden kann der Verstand entweder Ordnung empfinden – sie ist ihm nicht einprogrammiert – oder aber er kann aus dem Widerspruch einer Wahrnehmung zu den Kategorien, die er bereits besitzt, einen neuen Sinn konstruieren. Die subjektive Determination dessen, was als gut gestaltet empfunden wird, läßt es nicht zu, ein Regelsystem oder eine Einfachstruktur zu extrapolieren, die den Zusammenhang des ästhetischen Vergnügens mit den objektiven Ordnungen angibt. In unserer Kultur entscheidet seit den Tagen von Descartes über den Wert von Proportionen der sinnliche, affektive Eindruck. Aber aus dem sinnlichen Vergnügen sind keine Postulate über das in der Kunst waltende Maß zu gewinnen.

Selbst, was wir als einander entsprechend, symmetrisch, harmonisch, ebenmäßig empfinden, muß objektiv nicht regelmäßig sein. Die Bildnisarie aus der Zauberflöte besitzt am Anfang eine höchst irreguläre Gliederung von 2 plus 2 plus 1 plus 1 plus 1 plus 3 plus 3 Takten. Wer aber empfände nicht ein Höchstmaß an Ausgewogenheit? Der Versuch, irgendwelche Regeln aufzustellen über die Maße des Wohlgefallens ist außerdem immer einer historischen Relativierung ausgesetzt. Solche Regeln sind meist nicht mehr gültig, wenn sie formuliert sind. Durch die Geschichte der Musiktheorie zieht sich eine besonders ausgeprägte dogmatische Haltung der jeweiligen Erfinder eines musiktheoretischen Systems. Sie wollten meist nicht wahrhaben, daß die Regeln, die sie abstrahierten, längst durch die kompositorische Praxis außer Kraft gesetzt waren. Hugo Riemann verhielt sich höchst gereizt gegenüber seinem einzigen prominenten Schüler, nämlich Max Reger.

3. Die Beliebigkeit mathematischer Spekulationen und ihre Umdeutung in den Konstruktivismen des 20. Jahrhunderts

„Du mußt verstehn! / Aus eins mache zehn! / Und zwei laß gehen! / Und drei mache gleich, / so bist Du reich! / Verlier die vier! / Aus fünf und sechs, / so sagt die Hex, / mach sieben und acht, / so ist's vollbracht! / Und neun ist eins, / und zehn ist keins. /"

Hugo Riemann, der bedeutendste Musiktheoretiker des 19. Jahrhunderts hielt es für erwiesen, daß die Mathematik zur Begründung eines musikalischen Systems nicht ausreicht. Er hatte dabei so etwas Ähnliches wie das Hexeneinmaleins aus Goethes Faust vor Augen. Riemann äußerte seine Ablehnung der Mathematik im Zusammenhang mit der Kritik an der Eulerschen Musiktheorie, dem Versuch von 1739, den ästhetischen Charakter der Musik zahlentheoretisch zu begründen. Euler ging dabei von Leibniz' Wahrnehmungsbegriff aus, demzufolge die Seele unbewußt zähle, auch dann, wenn es gilt, Grade der Annehmlichkeit aufzufassen. Die zahlentheoretischen Spekulationen erscheinen damit als Operationalisierungen des ästhetischen Empfindens, das sie seinerseits fundiert. Aber wie wenig die Zahlen ihrerseits begründen, zeigt sich bei dieser höchst komplizierten Theorie daran, daß Euler ein seit der Antike existierendes Problem nicht lösen konnte; er fand keine Möglichkeit, Konsonanz und Dissonanz qualitativ zu unterscheiden.

Im 19. Jahrhundert treten mathematische Spekulationen über musikalische Sachverhalte zurück, weil klargeworden war, daß mit Zahlen beschrieben, aber nicht erklärt werden kann, schon gar nicht war es möglich, die gewaltigen affektiven Wirkungen, die Erschütterungen und Erbauungen, die ein Symphoniekonzert auslöste, zu begründen. Erklärungen der Vollkommenheit dieser Musik können nur, so meinten die Theoretiker, aus Prinzipien erwachsen, die hinter den Zahlen stehen. Da aber die Axiome, die den Zahlen zugrundeliegen, nicht mehr als die Stellvertreter der Himmelsmechanik aufgefaßt werden konnten, so hatten sie kaum noch eine so allgemeine Gültigkeit, daß sie ästhetische Phänomene fundieren konnten. Die Musiktheoretiker des 19. Jahrhunderts waren in erster Linie bemüht, geordnete Strukturen nachzuweisen. Sie verhielten sich mathematischen Spekulationen gegenüber wohl deshalb zurückhaltend, weil die musikalischen Proportionen sich in mathematischen Begriffen so verwirrend kompliziert und chaotisch darstellten, daß alles möglich erschien: „Aus eins mach drei!" Die Berechnungen wiesen Identisches als verschieden aus. In der Funktionsharmonik bestimmt die Bedeutung eines Akkords die Bedeutung eines einzelnen Tons, dessen Reinheit mathematisch auszutüfteln daher nicht viel zählte. Um den Eindruck der Erhabenheit und Vollkommenheit greifbar machen zu können, wurden andere begründende Disziplinen herangezogen, vor allem Riemann versuchte Erklärungen durch die phänomenologische Psychologie zu gewinnen. Die Strukturen der klassisch-romantischen Musik enthüllten sich nur begrenzt in Zahlen. Diese zeigten oft Willkür an, wo Ordnung empfunden wurde.

Ganz im Gegenteil hierzu gewannen mathematische und durch die Mathematik angeregte Operationen wieder eine Bedeutung in der Kunst des 20. Jahrhunderts. Als entscheidender und grundsätzlicher Unterschied zu den wenigen mathematischen Berechnungen, mit denen die Musik des 19. Jahrhunderts vermessen werden sollte, verbinden sich im 20. Jahrhundert mit der Verwendung von Zahlen ästhetische Intentionen. Dadurch sind die Berechnungen und Konstruktionen angemessen. Nicht, daß die mathematischen Axiome zu ästhetischen Prämissen wurden! Vielmehr deuteten die Künstler die Idee der Beliebigkeit um, die an den mathematischen Spekulationen über Musik zu haften schien. Sie gewannen ihr Aspekte der Freiheit ab. „Aus fünf und sechs mach sieben und acht". Welches Ausmaß an Erweiterung und Veränderung konnte dies bedeuten! Es zählte in der Kunst des 20. Jahrhunderts oft nicht mehr das, was unmittelbar erfahren, sondern was erschlossen werden konnte. Die Konstruktion neuer Bedeutungen setzte voraus, daß Abhängigkeiten von stofflich-materiellen Bedingungen überwunden wurden. Solcher Befreiung dienten logisch-abstrakte Kategorien, mit denen ein neuer Sinn derart gesetzt werden konnte, daß er nachvollziehbar und kontrollierbar war. Dieser „Konstruktivismus", der sich in Europa kurz vor dem Ersten Weltkrieg entwickelte, prägte Jahrzehnte verschiedene Kunstrichtungen und behielt für einzelne Künstler eine Faszination bis zum heutigen Tag. In den im nachfolgenden an einigen Beispielen dargestellten, verschiedenen Formen, in denen uns dieser Konstruktivismus entgegentritt, zeigen sich grundsätzliche ästhetische Intentionen, auch solche, die die Kunst des 20. Jahrhunderts von früheren Kunstäußerungen trennt.

Der gesteigerte Begriff von Rationalität verband sich außerdem mit einem gesteigerten politischen Anspruch. Die Ausstellung, die 1921 in Moskau mit dem Titel „5 mal 5 ist 25" gezeigt wurde, war ebenso bereits als eine Laboratoriumsarbeit gedacht, um die tägliche Produktion zu verändern, wie die Konstruktionen, die im Umkreis der niederländischen Kunstbewegung „De Stijl" entstanden.

Die große Epoche der Konstruktion, von der 1923 Mondrian, zeitweilig der bedeutendste Vertreter der Richtung „De Stijl", geträumt hat, konnte nur anbrechen, wenn ein objektivierbares System vorhanden war, das außerdem auf verschiedene Lebensbereiche angewendet werden konnte. Dazu taugte die Mathematik. „Um eine neue Sache aufbauen zu können, brauchen wir eine neue Methode, ein objektives System", das sich Theo van Doesburg, der Verfasser von Manifesten für „De Stijl", auch in Form von Rechenexempeln vorstellte: $- \square + = R_4$ steht in einem Manifest, vielleicht nicht ganz so wie dies ein Mathematiker niedergeschrieben hätte. Doesburg forderte zugleich auch den Aufbau der alltäglichen Umgebung nach den neuen abstrakten Gesetzen der Kunst. Denn längst war auch die Gleichung Kunst = Leben zur Maxime für die Künstler geworden. Nicht nur die abstrakte Malerei, von der Doesburg meinte, daß sie eigentlich die konkrete sei, orientierte sich am objektiv logischen Kalkül, es gab auch Versuche von Musikern, neue begrifflich-konzeptuelle Ordnungen zu finden. Im Umkreis von Mondrian versuchte der holländische Musiker Jakob van Domselaer neue Strukturen zu konstruieren, die so abstrakt und allgemein sind, daß sie für die Kunst generell und nicht nur für die Musik im speziellen gelten. Deutlich wird an der Notation seiner „Proeven van Stijlkunst", einer Sammlung von Klavierstücken aus den Jahren 1913–1917, etwa, wenn sie ein rautenförmiges Bild ergibt, daß sie durch visuelle Proportionen angeregt wurden. Neuartig sind die Verhältnisse dieser Stücke etwa, wenn 16 Takte – also eine übliche musikalische Gruppierung – gegliedert werden in Gruppen zu je 3 Takten mit sich verkürzenden Einschüben dazwischen, oder aber sich 45 Takte gliedern in 11 plus 17 plus 17 (oder mit einer Phrasenschränkung zu 1 plus 11 plus 1 plus 16 plus 17). Domselaer greift auf musikalische Vorbilder zurück, auf barocke Vorbilder, auf die Choralbearbeitung oder das Riccercar. Dies macht seine Kompositionen zu etwas Typischem. Das Feuer der Konstruktivisten, auch der Nachkonstrukteure, entzündete sich immer gern an der Barockmusik, der ja noch Zahlenspekulationen zugrundeliegen. Auch im Bauhaus, wo ebenfalls der Werktag der Menschen neu gestaltet werden sollte, suchte man nach überzeitlich geltenden allgemeinen Konstruktionsprinzipien. Und zumindest teilweise – so glaubte Gropius – sind die Gesetze einer überzeitlichen Harmonie in den Fugen von Bach zu finden, die im Bauhaus auf Millimeterpapier aufgezeichnet wurden, damit ihre Proportionen studiert und visuell optisch nutzbar gemacht werden konnten. Für das neue Gestalten schienen in der alten Musik Gesetze „vorgezeichnet". Für die Neuvermessung der Welt, die der Konstruktivismus anstrebte, war einerseits die Idee, neue Systeme könnten gesetzt werden, „aus 1 mach 3" von Bedeutung. Aber die emphatisch betonte Rationalität, die zu quasi mathematisch formulierten Berechnungen führte, suchte man andererseits durch Axiome zu ergänzen, die in der Kunst und nicht in der Logik verborgen waren. Man versuchte den Anspruch der Rationalität zu sichern durch etwas, das wie die Fugen Bachs Ordnung ausstrahlte. Wenn daran ein Empfinden des Ungenügens an den nur logisch abstrakten Kategorien diagnostiziert wird, so scheint sich wieder einmal mehr der Eindruck im Verlaufe dieses Referates aufzudrängen, daß es ein Bedürfnis gibt, mathematische Spekulationen, sofern sie keine metaphysische Fundierung besitzen, quasi zusätzlich subjektiv zu begründen, wahrscheinlich deshalb, weil es nicht so klar ist, in welcher konkreten Gestalt im Bereich der Kunst 5 mal 5 25 ist.

Wenn ich mit einiger Skepsis die Assoziation der Worte mathematisch und Begründung behandele, so lassen sich jedoch Beispiele anführen, die Zweifel zerstreuen könnten. Denn auf Zahlen und quasi mathematische Operationen haben Künstler im 20. Jahrhundert sehr oft vertraut, wenn es darum ging, ästhetische Ordnungen zu finden. Damit maßen sie den mathematisch-logischen Beziehungen zumindest so viel Gewicht bei, daß daraus neue ästhetische Bedeutungen hervorgehen können. Und sie bewerteten den Charakter der Zahl insofern richtig, als sie sich die vollkommene Abstraktion und Neutralität gegenüber den Gegenständen zunutze machten. Zahlen wurden benutzt, um Transformationen zu erzielen. Das Leben Chopins, die in Worten aufgeschriebene Biographie, übersetzte Gerhard Rühm 1983 in ein Klavierstück; Silben wurden dabei durch einen Zahlenschlüssel in Klänge verwandelt. Aus dieser strukturanalogen Abbildung ging ein sehr meditatives Musikstück hervor, dessen abschnittsweise Gliederung merkwürdigerweise den Lebensatem viel deutlicher werden läßt, als die Gliederung der Biographie durch Jahreszahlen. Solche neuen konzeptuellen Ordnungen können zuweilen extreme Rationalisierungen bedeuten, wie dies für die beiden opera „Wende '80" und „Vierjahreszeiten" von Hanne Darboven gilt. Wird die Zahl, die ein Datum im wörtlichen und übertragenen Sinn meint, durch Rechenoperationen wie das Bilden einer Quersumme, verwandelt und durch die Zuordnung zu einem Ton konkretisiert, so wird sie gleichzeitig abstrakt. Sie ist nicht rückübersetzbar. Was sie einmal festgehalten hat, nämlich den 1.1.1980, wird zum flüchtigen Ereignis eines Tons.

Die Grenzüberschreitungen, die sich der symbolischen Kraft von Zahlen bedienen, stellen nach wie vor ein ästhetisches Programm dar, bei dem die Kunst entweder zur Metapher für eine tieferliegende Ordnung wird oder aber sie dem Chaos des Lebens abgetrotzt erscheint.

Gesetz und Ordnung inmitten des Chaos assoziierte 1965 Emmett Williams, ein aus der amerikanischen Fluxusbewegung hervorgegangener Künstler mit seiner fanatischen Liebe zur Mathematik, über die er allerdings meint, nichts zu wissen, die ihn aber zu Kompositionen mit geometrischen Progressionen, mathematischen Permutationen von Buchstaben, Silben, Sätzen und Zeichen anregte. In „Musica", einer Komposition von 1965, werden die neun häufigsten Wörter aus Dantes Göttlicher Komödie in alphabetischer Reihenfolge geordnet. Das häufigste Wort bestimmt die Zahl der Reihen, bei denen zunehmend die weniger häufigen Worte verschwinden; es entsteht eine Litanei mit abrupten rhythmischen Wechseln. Auch in jüngeren Werken wie der „Indicental Music for Yo-Yo-Ma" von 1979 dienen Permutationstechniken immer noch der Inspiration.

Viele Künstler haben im 20. Jahrhundert tönende Ordnungen in Strukturen gesucht, die nicht spezifisch musikalisch sind. Von der seriellen Musik, die fast einen Zahlenfetischismus entwickelte, wurde bereits gesprochen. Bekannt sind die symmetrischen Reihen, die Webern verwendete, bekannt sind die konstruktivistischen Pläne, auf denen die Kompositionen von Xenakis aufbauen, bekannt ist, daß Messiaen neben spiegelbildlich konstruierten Rhythmen vorzugsweise Skalen verwendet, die sich nur begrenzt transponieren lassen, weil auch sie symmetrisch strukturiert sind. Solche Restriktionen zeigen eine merkwürdige Abhängigkeit von Rationalität und Imagination an. Nicht nur regen rationale Vorordnungen die künstlerische Fantasie an, sondern sie entspringen ja auch der Erfindungskraft. Und insoweit sie ein Produkt der künstlerischen Einbildungskraft sind, bedürfen sie keiner weiteren Begründung, weder im Hinblick darauf, ob sie logisch sind, noch ob sie affektiv wirken. Die Symmetrien und Proportionen, die sich in vielen Werken des 20. Jahrhunderts finden, enthalten Anregungen durch mathematische Spekulationen. Aber sie behalten den Charakter des subjektiv Gesetzten, das zuweilen an das Beliebige erinnert. Sie müssen ihn als Resultat einer imaginativen schöpferischen Tätigkeit auch behalten; die Fantasie verlöre sonst ihre Kraft, aus 1 3 zu machen.

Die Zahlen, die weder begründen, noch begründet werden müssen, treten oft unmittelbar an die Oberfläche und werden unmittelbarer Anlaß zum sinnlichen Vergnügen. Die „Counting Music" des amerikanischen Komponisten Tom Johnson, eine Mischung aus Konzept-, Kunst- und Minimalmusik, setzt einen Hörer voraus, der durch eine zählende Wahrnehmung Progressionen auffaßt und aus dem Bewußtsein einer gesteigerten rationalen Helle einen intellektuellen Genuß gewinnt. Die sinnliche Präsenz der Zahl gibt in den Vingt Regards sur l'Enfant Jesus von Oliver Messiaen dem Satz „Regards des prophetes, des bergers et des mayes" seine ästhetische Valenz. Die Weisen aus dem

Morgenland, die Hirten und andere Anbeter des Jesusknaben nähern sich auch dem Zuhörer und entfernen sich in kürzer werdenden Abständen von 16tel Dauern: 16, 15, 14, 13, 12, 11, 10, 9, 8, 7, 6, 5, 4, 3, 2, 1. Aus „16 mach 1" hebt eine arithmetische Reihe in einer künstlerischen Ordnung auf.

4. *Musik und Mathematik*

Mathematik und Musik sind zwei Denksysteme, die nur konvergieren, wenn hinter beiden eine gemeinsame Form der göttlichen Vernunft angenommen wurde. Die Geschichte belehrt darüber, daß das System der Musik derart gesteigert werden konnte, daß es im Anspruch die abstrakten Verhältnisse des Universums zum Ausdruck zu bringen, die Mathematik übertroffen hat. Aber die Konkretion der Zahl in Tönen ermöglichte auch – vor allem in jüngerer Zeit – Operationen, die sehr neuartige, aber logisch wirkende sinnvolle Resultate hervorbrachten. Erweist sich die Zahl einerseits als willkürlich beliebiges Maß der Musik und zeigt sie doch andererseits eine konstruktive Kraft für musikalische Zusammenhänge, so gibt sie dem Mathematiker das Rätsel auf, inwieweit seine Axiome ihre Voraussetzungen tatsächlich beschreiben.

Literatur

Berlyne, D. E.: Aesthetics and Psychobiology. New York 1972
Descartes, R.: Leitfaden der Musik, ins Deutsche übertragen von J. Brockt. Darmstadt 1978
Dörner, D., Vehrs, W.: Ästhetische Befriedigung und Unbestimmtheitsreduktion. Psychol. Rev. *37* (1975) 321–334
Kandinsky, W.: Über das Geistige in der Kunst. München 1912, Nachdruck Bern 1963
Motte-Haber, H. de la: Psychologie und Musiktheorie. Frankfurt 1978

Wolfgang Metzler

Schöpferische Tätigkeit in Mathematik und Musik

Ein Teil der Vorbereitung dieses Vortrages fand in Gesprächen während eines mathematischen Ferienseminars mit Examenskandidaten und Doktoranden bei Volterra (Toscana) statt. Ich danke Winfried Becker, Cynthia Hog und Martin Lustig herzlich für ihre Ideen und Rückfragen. Prof. Dr. Ulrich Siegele (Tübingen/Arnoldshain) bin ich für wertvolle Literaturhinweise zu Dank verpflichtet.

I

Es ist nicht mein Ziel, Begründungen dafür zu geben, ob und warum Mathematik und Musik miteinander verwandt sind. Dies ist zwar – unter Berufung auf die Pythagoräer – immer wieder versucht worden. Im letzten Teil dieses Vortrages werde ich sogar bekenntnishaft etwas Theologisches sagen, so daß auch die dritte Disziplin der Pythagoräer vertreten sein wird. Aber außer Doppelbegabungen in Musik und Mathematik gibt es auch unmusikalische Mathematiker sowie musikalische Juristen/Ärzte, die mit Mathematik nichts im Sinn haben. Ihnen möchte ich die Existenzberechtigung nicht streitig machen. Überdies ist mir in den letzten Jahren immer deutlicher geworden, daß ich einer solchen rechtfertigenden Begründung für meine eigene Tätigkeit in beiden Gebieten im Tiefsten nicht bedarf. Dazu hat insbesondere eine schwere Erkrankung beigetragen. Vor etwa vier Jahren, zu Beginn eines USA-Aufenthaltes, war mein Blinddarm geplatzt, und infolge der Entzündungen im Unterleib versagten wenig später meine Nieren für etliche Wochen vollständig. Als ich von der Bauchoperation wieder aufwachte, habe ich meine Füße und Hände durch das „Spielen" Bachscher Orgelchoräle wieder „in Betrieb" genommen. Während des langsamen Abklingens der Nierenvergiftung in den ersten Dialysebehandlungen habe ich auf einem Zettel Additionen geübt und in den darauffolgenden Wochen mühsam versucht, einige Beweise zu rekonstruieren, die ich vor der Erkrankung nicht mehr aufgeschrieben hatte. Durch die Dialyse und Urämie konnte ich mich nur schwer und kurzfristig konzentrieren, wollte aber die Gedanken mit allen Fasern meines Herzens nicht der Vergessenheit anheimfallen lassen. Durch diese Erfahrungen habe ich gemerkt, wie sehr beide Tätigkeiten für mich elementare Lebensäußerungen sind, vergleichbar dem Sprechen. Obwohl ich Begründungsfragen, z. B. in Gesprächen mit Studenten, auch in Zukunft nicht ausweichen möchte, hängt von ihrer Beantwortung das Bedürfnis nach solchen Lebensäußerungen nicht ab.

Ich möchte aber in diesem Vortrag durch den Vergleich von Arbeit in zwei Disziplinen, die mir persönlich wichtig sind, Hilfen für die Ortsbestimmung schöpferischer Tätigkeit gewinnen. Die Vertrautheit mit beiden Gebieten macht mich dabei insbesondere skeptisch gegenüber Urteilen, die typische Unterschiede in der Schaffenspsychologie eines Mathematikers und eines Musikers glauben feststellen zu können. Zumeist entspringen solche Urteile mangelnder Kenntnis zumindest einer der Disziplinen. Daher ist eine zentrale Arbeitshypothese dieses Vortrages, daß jeder postulierte Unterschied im Hinblick auf schöpferische Tätigkeit in Mathematik und Musik danach befragt werden sollte, ob er nicht ein Erst- oder Vorurteil, eine Verkürzung darstellt. Jeder soziologisch vorfindliche Unterschied ist daraufhin zu prüfen, ob er nicht eher auf einen Mißstand als ein Naturgesetz hinweist. Bei der Vorbereitung hat sich dieser Verdacht weitgehend bestätigt. Deswegen schließe ich auch mit einem Plädoyer für Ganzheitlichkeit bei Begabtenförderung: rationale und emotionale, intellektuelle und intuitive Kräfte sollten jeweils gemeinsam gefördert werden, um der beteiligten Person *und* der Arbeitsergebnisse willen. Ich bin sicher, daß die exemplarische Beschränkung auf Musik und Mathematik die Übertragbarkeit solcher Einsichten auf andere Gebiete nicht verhindert.

II

Beginnen wir mit einigen Laienurteilen! Sie müssen ernstgenommen werden, damit sie sich nicht zu Vorurteilen verfestigen. Auch zeigen sie oft tatsächlich wunde Punkte auf, die ein „insider" nicht ohne Schaden übergehen sollte. Jeder Mathematiker kennt aus Gesprächen in geselliger Runde solche Äußerungen. Einige, die mir häufig begegnet sind, möchte ich in einem fingierten Gespräch zusammenfassen:

„Ach, Sie sind Mathematiker und machen auch Musik! Dann machen Sie die Musik doch sicher, wenn Sie sich von diesem Computerleben, von dieser nüchternen, kalten Verstandesarbeit erholen müssen.

Als Musiker haben Sie doch etwas für schöpferische Tätigkeit übrig. Gibt es denn in Mathematik noch etwas zu entdecken? Ich hatte in der Schule ein sehr schlechtes Verhältnis zu Mathematik; nehmen Sie mir das bitte nicht übel! Es gibt da einige Formeln, mit denen bin nie fertig geworden. Aber wir hatten eine kleine Formeltabelle, in der stand alles, was man wissen mußte, z. B. $a^2 + b^2 = c^2$. Ist nicht die Mathematik insgesamt ein ebenso abgeschlossenes Gebilde? Was bringt es eigentlich, wenn man die Logarithmen noch auf eine Stelle weiterberechnet?

Die modernen Rechenanlagen machen Sie doch erst recht überflüssig. Schade um Ihren Beruf, aber was fesselt Sie denn so daran?"

Und dann ist man, manchmal beim Wein, oder, wenn man denkt, daß der Tag schon vorbei ist, dazu herausgefordert, zu beschreiben, daß es dem forschenden Mathematiker auch heute zumeist so ergeht, wie es Newton im 17. Jahrhundert von sich bekannt hat, nämlich, daß die Lösung *einer* Frage den Ozean ungelöster Fragen eher vergrößert als verkleinert, und, warum die Beschäftigung mit mathematischen Problemen eine Aufgabe für das ganze Leben sein kann.

Wenn ich mich mit mathematischen Freunden oder Kollegen unterhalte, werden aber auch umgekehrt Fragen an mich gerichtet, wie es denn nun um die Musik bestellt sei:

„Als Mathematiker wissen Sie, wie großartig im vergangenen Jahrhundert die Entdeckungen bedeutender Forscher waren. Im Vergleich dazu sind doch die schöpferischen Potenzen in der Musik versiegt." Je nach Vorliebe sagt dann der eine: „Bis Bach komme ich ja noch mit, danach haben die nichts Rechtes mehr zuwege gebracht." Bei jemand anderem reicht das Spektrum bis zu Mozart, bei noch anderen bis Schubert oder bis zum späten 19. Jahrhundert. Daß ich es aber für selbstverständlich halte, mich mit Musik der Gegenwart zu befassen, daß ich auf Improvisationskursen dazu beizutragen versuche, schöpferische Kräfte in diesem Bereich zu fördern, stößt – im Gegensatz zu mathematischen Publikationen – oft auf wohlwollendes Unverständnis. Schon mein Mathematik- und Physiklehrer auf der Schule versuchte, meine Neigung zur Musik zu bremsen. Er befürchtete, ich würde unsolide, exotische Charakterzüge entwickeln, wenn ich ihr nachgäbe, und meine Möglichkeiten vergeuden, etwas Gutes in der Welt zu bewirken. Eine ähnliche Angst haben ja auch viele Eltern, wenn sie ihren Kindern empfehlen, zuerst etwas Rechtes zu lernen, bevor sie sich auf das Glatteis einer Künstlerexistenz begeben. Die Biographien vieler großer Musiker enthalten Berichte darüber.

Man kann versuchen, solche Meinungsäußerungen zu verdrängen; man kann ihre Akzente andererseits auch vorschnell systematisierend überhöhen, vielleicht sogar als „Zeichen der Zeit" zu deuten versuchen, ohne mit der Substanz der betroffenen Gebiete näher in Berührung zu kommen. Glücklicherweise haben hervorragende Vertreter aus Mathematik und Musik es nicht für unter ihrer Würde gehalten, statt dessen Auskunft über die wirkliche Natur ihrer Schaffensprozesse zu geben. Ihre Selbstzeugnisse und Einsichten wollen wir darum in unsere Überlegungen miteinbeziehen.

III

1928 hat Max Dehn anläßlich der Gründungsfeier des Deutschen Reiches eine Rede „Über die geistige Eigenart des Mathematikers" gehalten [5a]. Sie ist jüngst in englischer Übersetzung erneut publiziert worden [5b]. Helmut Hasse hat 1952 seiner Hamburger Antrittsvorlesung das Thema „Mathematik als Wissenschaft, Kunst und Macht" gegeben [7]. Einen ähnlichen Titel hat Armand Borel 1981 für einen Vortrag vor der Carl-Friedrich-von-Siemens-Stiftung gewählt: „Mathematik: Kunst und Wissenschaft" [2]. Alle drei Autoren beziehen Meinungsäußerungen von Nichtfachleuten mit ein bzw. wenden sich insbesondere an interessierte Laien.

Hasse betont entschieden die künstlerischen und geisteswissenschaftlichen Aspekte von Mathematik und Mathematikmachen. In jugendlichem Kampfgeist habe er sogar einmal die These vertreten „Mathematik ist eine Geisteswissenschaft". Das mag einseitig sein; aber auch Carl Ludwig Siegel hat, als er sich in Berlin 1915 immatrikulierte, und als der 1. Weltkrieg in vollem Gang war, „in instinktiver Abneigung gegen das gewalttätige Treiben der Menschen den Vorsatz" gefaßt, sein „Studium einer der irdischen Angelegenheiten möglichst fernliegenden Wissenschaft zu widmen" und Astronomie und Mathematik gewählt [15].

Solche Motive kenne ich auch von Studenten, mit denen ich zusammenarbeite. Erst, wenn man sie berücksichtigt, wenn man nicht unreflektiert mathematische Tätigkeit mit naturwissenschaftlicher oder technologischer Hybris gleichsetzt, kann man über die notwendige Vorsicht, die notwendigen moralischen Kriterien bei Anwendungsfragen von Mathematik sprechen, davon, daß auch Mathematiker sich von den Schuldzusammenhängen unserer Kultur nicht freisprechen können.

Hasse beschreibt ferner, daß das Ansehen des schöpferischen Mathematikers in Deutschland in der Aufklärung höher als später gewesen sei. Vielleicht ist die Verkürzung des Images zu dem eines Rechensklaven, der für öffentliche Entscheidungen nicht zuständig ist, eine Mitursache für manche Schuldzusammenhänge. Wer das Ansehen von Leibniz bedenkt, der nicht nur in mathematischen Dingen, sondern in vielen Disziplinen Ratgeber von politisch einflußreichen Menschen gewesen ist, wer sich den Lebenslauf Eulers vergegenwärtigt, wird diesen Verlust (gegenüber) der Aufklärung bedauern. Ich komme später auf diesen Punkt noch mehrfach zurück.

Nach dieser Mischung von Stichpunkten Hasses mit eigenen Gedanken möchte ich einige seiner Sätze wörtlich wiedergeben, weil sie manche Laienvorstellung über die Arbeitsweise des Mathematikers deutlich zurechtrücken: „Man hat ein ungelöstes Problem vor sich und sieht zunächst gar nicht, wie die Lösung lauten, noch weniger, wie man sie finden könnte. Da kommt man auf den Gedanken, sich einmal auszumalen, wie die gesuchte Wahrheit lauten müßte, wenn sie *schön* wäre. Und siehe da, zunächst zeigen Beispiele, daß sie *wirklich* so zu lauten scheint, und dann gelingt es, die Richtigkeit des Erschauten durch einen allgemeinen Beweis zu erhärten. ... In dieser eben dargelegten *intuitiven* Art des Schaffens ähnelt der Mathematiker ... dem Künstler. Man denkt gemeinhin, daß mathematische Wahrheiten durch logische Denkprozesse gewonnen werden. Das ist aber keineswegs immer der Fall. Gerade die größten und auf lange Zeit richtungweisenden mathematischen Entdeckungen sind zuerst mit dem geistigen Auge *erschaut* worden, so wie dem schaffenden Künstler sein Werk schon vor Beginn der Arbeit als Ganzes vor Augen steht."

In Hasses Antrittsvorlesung werden viele Vergleiche zur Musik gezogen. Er verwendet zum Beispiel die Begriffe Harmonie, Schönheit, Dynamik, um die Qualität einer musikalischen Komposition wie eines mathematischen Gedankenganges zu beurteilen. Natürlich ist als Handwerkszeug in der Mathematik die Beherrschung logischer Schlußweisen vonnöten. (Diese sollte ein Mathematiker schon mit der Muttermilch eingesaugt haben.) Aber in den Vordergrund tritt diese Fähigkeit für Außenstehende, die damit ihre Schwierigkeiten haben. „Dafür, daß eine solche Komposition Mathematik ist, ist ihre logische Richtigkeit zwar notwendig, aber keinesfalls hinreichend."

Für das Verständnis schöpferischer Tätigkeit in Mathematik und Musik ist daher die Analyse vorzunehmen, wie rationale und intuitive Vorgänge sich zueinander verhalten. Es ist dabei ganz wichtig, daß nicht eine Zuweisung vorgenommen wird, bei der dem Mathematiker vorzugsweise die Ratio zukommt und dem Musiker vorzugsweise die Intuition. Diese Aufteilung im Bewußtsein der Öffentlichkeit hat auch erst am Ende des 18. Jahrhunderts mit dem weitgehenden Verlust universaler Bildung angefangen und ist später mystifizierend festgeschrieben worden. Sie richtet nach meinem Dafürhalten jedoch größeres (kulturelles) Unheil an.

Der Mathematiker Bartel L. van der Waerden, der auch wichtige Beiträge zur Geschichte der antiken Mathematik geleistet hat, hat in einer Studie, die ebenfalls aus einer Antrittsvorlesung erwachsen ist, das Verhältnis zwischen rationalen und intuitiven Vorgängen im mathematischen Denken untersucht [18]. Er benutzt dazu das Begriffspaar *Einfall* und *Überlegung*. Unter *Überlegung* versteht er das bewußte Denken, ob logisch, analogiemäßig oder anschaulich. *Einfälle* ordnet er dem Unbewußten zu. Einige autobiographische Mitteilungen von Mathematikern werden in diesem Zusammenhang genannt, unter anderem von Gauß, der in einem Brief mitteilte: „Endlich vor ein paar Tagen ist's gelungen – aber nicht meinem mühsamen Suchen, sondern bloß durch die Gnade Gottes, möchte man sagen. Wie der Blitz einschlägt, hat sich das Rätsel gelöst; ich selbst wäre nicht imstande, den leitenden Faden zwischen dem, was ich vorher wußte, dem, womit ich die letzten Versuche gemacht hatte – und dem, wodurch es gelang, nachzuweisen."

Diese Offenheit Gauß' in einer persönlichen Mitteilung kontrastiert damit, daß seine mathematischen Veröffentlichungen auf andere Mathematiker „starr und gefroren" wirkten; man müsse seine Beweise erst „auftauen". Er mache es „wie der Fuchs, der seine Spuren mit dem Schwanz auslöscht" (zitiert nach [10]).

Van der Waerden erwähnt ferner Henri Poincaré, der besonders intensive Selbstbeobachtungen und Reflexionen darüber angestellt hat:

„Ich hatte schwarzen Kaffee getrunken und konnte nicht schlafen. Vorstellungen kamen mir haufenweise. Ich merkte, wie sie zusammenstießen, bis einzelne Paare sich sozusagen einhängten, um eine stabile Verbindung einzugehen. Es kommt einem in solchen Fällen vor, als ob man bei seiner eigenen unbewußten Arbeit anwesend ist. Die unbewußte Arbeit macht sich dem übererregten Bewußtsein teilweise bemerkbar, ohne jedoch ihren eigenen Charakter zu verlieren. Bei solchen Gelegenheiten ahnt man den Unterschied in den Mechanismen beider Egos."

Die Interaktion rationaler und intuitiver Kräfte wird hier äußerst präzise beschrieben, auch, daß Einfall und Überlegung unter Umständen (zeitlich) nicht genau gegeneinander abgegrenzt werden können. Einige eigene Beobachtungen möchte ich hinzufügen: Ich kenne von mir das *bewußte* Inbewegungsetzen von „Gärprozessen", die dann nach einiger Zeit *selbständig* weiterlaufen und später sogar bewußt gebremst werden müssen, damit die dann autonomen Kräfte nicht gesundheitsschädlich werden. Andererseits brauche ich vor wichtigen Projektentscheidungen gleichsam meditative Zeiten, die Versenkung in Träume, bei denen ich alle Dinge abklingen lasse, die um mich herum vorgehen. Dann kombinieren sich Bilder in Ruhe in einer ähnlichen Weise, wie es Poincaré von einem überreizten Zustand berichtet, ebenfalls ohne eine volle Verfügung darüber. Natürlich ist das „mühsame Suchen", von dem Gauß spricht, im Gesamtvorgang mathematischer Arbeit unverzichtbar. Es kann sich über Jahre erstrecken, bevor der entscheidende Einfall kommt.

Da schöpferische Tätigkeit in Mathematik wesentlich mit (Bild-)Vorstellungen arbeitet, halte ich es für eine wichtige Aufgabe mathematischer Erziehung, geeignete Vorstellungsbereiche zu entwickeln. Dazu gehören außer Zahlvorstellungen die geometrische Anschauung, z. B. um gegenwärtig an den Grenzdimensionen drei und vier wichtige offene Probleme zu klären. Aber auch physikalische und außernaturwissenschaftliche Phänomene können als Bausteine solcher Vorstellungen wichtig sein. Die Reduktion der mathematischen Kommunikation auf Schriftzeichen ist zwar als *Vorstellung* für die Grundlagen der Mathematik hilfreich, gefährdet aber, wenn sie praktisch gelebt wird, die Produktivität nicht nur im schulischen sondern auch im Hochschulbereich.

Wenn Sigmund Freud schreibt: „Das Denken in Bildern ist ... nur ein sehr unvollkommenes Bewußtwerden. Es steht auch den unbewußten Vorgängen irgendwie näher als das Denken in Worten und ist unzweifelhaft onto- wie phylogenetisch älter als dieses" ([6], Seite 290). So vermute ich, daß die darin enthaltene Wertung sich unbewußt ein Laienurteil über die „rationalste Wissenschaft Mathematik" zu eigen macht, welches der dortigen Arbeitsweise nicht entspricht.

Neuere biologische Untersuchungen scheinen übrigens die Selbstbeobachtungen von Mathematikern zu bestätigen: Das menschliche Gehirn arbeitet nicht wie ein Computer. Dadurch, daß es *nicht* jeweils alle kombinatorischen Möglichkeiten durchspielt, was die Lebenszeit eines Menschen oft überschreiten würde, sondern z. B. Assoziationsketten bildet, wie Poincaré es beschreibt, können die meisten (mathematischen) Probleme erst mit Aussicht auf Erfolg behandelt werden. Diese Feststellung steht nicht im Widerspruch dazu, daß in gewissen mathematischen oder auch musikalischen Projekten elektronische Rechenanlagen wertvolle Hilfen darstellen können.

Van der Waerden protokolliert in seiner Studie auch die Lösung eines Problems, bei der er selbst beteiligt war (die Baudetsche Vermutung über arithmetische Reihen in Mengen natürlicher Zahlen). Der Beweis wurde in einem Gespräch zwischen Emil Artin, Otto Schreier und van der Waerden erzielt, und „die genaue Fixierung der angestellten Überlegungen in der Erinnerung (wurde) dadurch erleichtert, daß sie alle ausgesprochen wurden. ... Alle Überlegungen, die einer von uns anstellte, wurden sofort den anderen mitgeteilt".

Ich erwähne dieses Beispiel insbesondere deshalb, weil im öffentlichen Bewußtsein häufig die Meinung anzutreffen ist, die wirklich hervorragenden schöpferischen Leistungen in Mathematik, Musik und auch anderen Gebieten würden von vereinzelten, nicht mehr kommunikationsfähigen Genies erbracht. Natürlich sind Individualleistungen nötig. Aber für die meisten Mathematiker ist der Wechsel von Einzelarbeit und Kommunikationsphasen unverzichtbar, und letztere (Gespräche mit Studenten/Kollegen und Tagungen) dienen keinesfalls nur dem Vortrag fertiger Resultate, sondern sind Gelegenheiten, bei denen Mathematik entsteht.

A. Borel weist in dem schon erwähnten Vortrag darauf hin, daß „eine beträchtliche Anzahl von Arbeiten zwei, manchmal mehr Autoren haben. ... Mathematik ist in großem Maße eine kollektive Arbeit".

In diesem Zusammenhang empfehle ich auch die Lektüre der Dehnschen Rede, der u. a. die Entwicklung der Mathematik seit dem 16. Jahrhundert unter dem Gesichtspunkt der häufig vorkommenden Prioritätsstreite und nationalen Eifersüchteleien bespricht. „Berühmt ist der Streit um die Vaterschaft der Infinitesimalrechnung am Ende des 17. Jahrhunderts zwischen den Anhängern von *Newton* und *Leibniz,* zwischen England und dem Kontinent. Dieser Streit führte, kaum zu glauben, dahin, daß die Engländer die ungemein praktische Rechenmethode von Leibniz verschmähten und dadurch 150 Jahre lang fast ganz aus der Reihe der produktiven Mathematiker ausschieden."

Schon etwas früher in seiner Rede urteilt Dehn: „Es ist deswegen meiner Ansicht nach nicht richtig, bei der Wertung der Leistung stets entscheidendes Gewicht auf die Priorität zu legen. ... Gedankengänge aus dem wirtschaftlichen Leben, man denke etwa an die Entscheidung über Patentansprüche, sind nicht zweckmäßig für die historische Betrachtung der wissenschaftlichen Entwicklung. ... Die reinste Freude hat man, wenn man ruhig die Anschauung des Auf und Ab der Entwicklung, der Zusammenhänge, der Abschnitte und Übergänge genießt, wenn man den göttlichen Funken in jedem einzelnen der Schaffenden zu sehen, ihre produktiven Augenblicke nachzuerleben versucht."

Diese zwischen beiden Weltkriegen geäußerten Gedanken haben m. E. nichts von ihrer Aktualität verloren, weder für den einzelnen Mathematiker noch für nationale und internationale Forschungsförderung. Wer sie angesichts der „harten Realitäten" für Träumerei hält, möge sich vergegenwärtigen, welchen – bis heute unersetzlichen – Verlust das mathematische Leben in Deutschland nach 1933 erlitt, als bedeutende jüdische Gelehrte und begeisternde Hochschullehrer wie Richard Courant, Max Dehn und Otto Toeplitz von Vertretern einer Ideologie der Stärke zur Emigration gezwungen wurden.

IV

Die Betrachtungen zu schöpferischer Tätigkeit in der Musik möchte ich mit einem längeren Zitat aus Igor Strawinskijs „Musikalischer Poetik" [16] einleiten: „Die meisten Musikfreunde glauben, daß die schöpferische Erfindungskraft des Komponisten durch eine gewisse Gefühlsregung ausgelöst wird, die man gemeinhin mit dem Namen Inspiration bezeichnet.

Ich denke nicht daran, der Inspiration die entscheidende Rolle abzusprechen, die ihr bei den von uns untersuchten Vorgängen zukommt; ich behaupte nur, daß sie keineswegs eine Voraussetzung für den schöpferischen Akt ist, sondern daß sie in der zeitlichen Folge eine Äußerung von sekundärer Art ist.

Inspiration, Kunst, Künstler – das sind zumindest recht verwirrende Worte. Sie hindern uns, klar zu sehen in einem Bereich, in dem alles Ausgleich und Berechnung ist und in dem der Atem des spekulativen Geistes weht. Danach, und wirklich erst danach, entsteht jene Gefühlsregung, die der Inspiration zugrunde liegt. Man spricht unzüchtig von dieser Gefühlsregung, wenn man ihr einen Sinn unterlegt, der hemmend auf uns wirkt und die Sache selbst kompromittiert. Ist es nicht klar, daß diese Erregung nichts anderes ist als eine Reaktion des schöpferischen Menschen im Kampf mit jenem Unbekannten, das bis jetzt nur ein Objekt seiner Schöpfung ist und das ein Werk werden soll?

An ihm ist es nun, das Werk zu entdecken, Glied um Glied, Masche um Masche. Diese Kette von Entdeckungen, und jede Entdeckung für sich, ruft die Erregung hervor – eine Art von physiologischem Reflex, so wie der Appetit den Speichel hervorruft – und diese Erregung folgt stets, und zwar genau, den Stufen des schöpferischen Vorgangs.

Am Ursprung jeder schöpferischen Tätigkeit steht eine Art von Appetit, der den Vorgeschmack des Entdeckens erweckt. Dieser Vorgeschmack des schöpferischen Aktes begleitet die Eingebung jenes Unbekannten, das man zwar schon in sich hat, aber noch nicht greifen kann und das erst klare Gestalt annimmt durch die Mitwirkung einer wachsamen Technik.

Dieser Appetit, der mir schon bei dem bloßen Gedanken kommt, Ordnung in die aufgezeichneten Skizzen zu bringen, ist keineswegs etwas Zufälliges wie die Inspiration, sondern eine gewohnte und regelmäßige, ja sogar feststehende Sache, vergleichbar einem Naturbedürfnis."

Dies ist eine ähnlich präzise Aussage wie diejenige Poincarés und in vielem mit jener vergleichbar. Obwohl die von Strawinskij überlieferte planvolle Arbeitsweise damit nicht kanonisiert werden soll (darauf hat analog auch Hasse zu Beginn seiner Ausführungen bezüglich der Arbeitsweise von Mathematikern hingewiesen), halte ich es für sehr wichtig, welchen Kontrapunkt zu manchem Vorurteil er setzt. Für die Würdigung der Leistungen eines Komponisten ist es nicht abträglich, wenn er sich nicht als das begnadete Genie darstellt, das seine Ergebnisse aus dem großen Heiligtum oder dem leeren Ärmel zaubert, sondern ohne Mystifikation über das Verhältnis von intuitiven ($\triangleq$ Inspiration) und planenden Momenten Auskunft gibt. Ich glaube sogar, daß künstlerische Ergebnisse erst dann recht gewürdigt werden können, wenn man wahrnimmt, wie die beiden „Egos" einander befruchten, wieviele Anstrengungen im allgemeinen bedeutende Werke erst ermöglichen. Darauf hat z. B. Schumann einmal deutlich hingewiesen [14], S. 126; und es lohnt sich, die Lehr- und Studienjahre vieler Komponisten unter diesem Aspekt zu betrachten. Der Erwerb eines guten „Handwerkszeugs" spielt dabei eine entscheidende Rolle, das Studium historischer Vorbilder und das bewußte Erspüren formaler Entwicklungsmöglichkeiten, die langfristig lohnende Ziele bilden und mit konkretem Inhalt gefüllt werden könnten. Dies alles sind *planende Momente*.

In einigen ausgewählten Beispielen möchte ich ihr Verhältnis zu den Kräften beleuchten, die schöpferischer Tätigkeit in Musik von Außenstehenden vornehmlich zuerkannt werden: *Inspiration* und *Emotionalität*.

Vor etwa zehn Jahren hat Peter Cohen Carl Philipp Emanuel Bachs „Versuch über die wahre Art, das Clavier zu spielen" daraufhin durchgearbeitet [4]. Er sieht dieses Werk unter dem Vorzeichen, daß der zweite Sohn Johann Sebastian Bachs ein Kind der Aufklärung gewesen sei. „Seine ästhetischen Anschauungen erweisen ihn sogar nicht nur (als) mit der Aufklärung verbunden, sondern sogar als ihre letzte große und zusammenfassende Figur. ... Das Milieu, für das C. P. E. Bach seine Musik vorsah, war die ausgeglichene Welt der Aufklärung. In der Seele sowohl eines Musikers wie auch eines Zuhörers sind das Rationelle und das Emotionelle vereinigt." Zitate aus Bachs Schrift dienen Cohen als Beleg dafür. Einige Beispiele: „Ein Musickus ... giebt (seinen Zuhörern) seine Empfindungen *zu verstehen* und bewegt sie solchergestallt am besten zur *Mitempfindung.*" Es ist von „traurigen, affectsvollen" oder auch „schmeichelnden Gedanken" die Rede, andererseits von „vernünftigen Kennern", „vernünftigen Spielern", der „vernünftigen Souveränität" des Solisten und der Begleiter.

Eine Stelle möchte ich besonders hervorheben: „Wer ‚zärtliche Empfindungen besitzt und den guten Vortrag in seiner Gewalt hat', kann zeigen, daß ein Werk ‚mehr enthält, als (selbst der Komponist) gewust und geglaubt' hat."

Rhythmik und Fingerhaltung werden behandelt, Zärtlichkeit und: die Mittel, Zärtlichkeit auszudrücken.

Man hat später z. T. eine solche Ästhetik, welche die Balance zwischen Vernunft und Empfindungen zum Ziel hatte und sie in Hilfen für Interpreten, Komponisten und Hörer umzusetzen versuchte, belächelt oder sogar verachtet. Jedoch fühle ich mich ihrer Grundhaltung in vielem verbunden. Albert Schweitzer hat in seinen kulturphilosophischen Schriften immer wieder darauf hingewiesen, wieviele Katastrophen des zwanzigsten Jahrhunderts mit dadurch ausgelöst wurden, daß Fäden der Aufklärung verlorengegangen sind. Wenn Emotionen unvernünftig werden, kann sich Nationalgefühl zu Nationalismus aufblähen; wenn Vernunft empfindungslos wird, erfindet sie auch Folterwerkzeuge und Massenvernichtungswaffen. Eine zeitgemäße Aufnahme ästhetischer Ziele der Aufklärung ist darum notwendig und mehr als bloße Ästhetik.

Doch kehren wir zu den Beispielen aus der Musikgeschichte zurück: Mozarts Opernprojekte sind im 19. Jahrhundert immer wieder kritisch beurteilt worden, weil man seine Textbuchauswahl nicht verstand. Es ist ein Verdienst Wolfgang Hildesheimers, in seinem Mozart-Buch [9] herausgearbeitet zu haben, daß Mozart seine Projekte nach musikalischen Gesichtspunkten geplant hat. S. 163 f. gibt er einen Brief Mozarts vom 7. Mai 1783 wieder, in dem dieser seinem Vater eine Oper vorphantasiert, bei der er genaue Rollenvorstellungen hat, welche Stimmlagen er sich wünscht, wie sie sich zueinander musikalisch verhalten könnten, und daß „das nothwendigste dabey ist: recht *Comisch* im ganzen". Mozart hat nur noch kein Textbuch für dieses Werk. Hildesheimer kommentiert, daß „Mozart genau (wußte), was er wollte und brauchte, nur ging er von der Form aus und nicht vom Stoff", und, daß diese Planung vier Jahre vor der Entstehung von *Don Giovanni* und sechs vor *Così fan tutte* erfolgte.

Das Unverständnis gegenüber den planerischen Absichten eines Komponisten ist nicht erst ein Phänomen der Gegenwart, auch wenn es vielen Menschen erst dann auffällt, wenn sie es akustisch wahrnehmen, wenn es Musik der Gegenwart betrifft.

Mozarts Arbeitsweise ist sicherlich nicht typisch für das 19. Jahrhundert; aber einige charakteristische Beispiele für planerisches Vorgehen belegen, daß auch in dieser Zeit beide Egos eine Rolle spielten:

In *Beethovens* Skizzenbüchern kann man beobachten, wie er um Einzelheiten von Themen gerungen hat, die später Menschen erschütterten.

Wenn man *Schumanns* „Musikalische Haus- und Lebensregeln" liest, dann merkt man, wie bewußt ein Musiker an sich arbeiten sollte. Übrigens lautet eine davon: „Ehre das Alte hoch, bringe aber auch dem Neuen ein warmes Herz entgegen. Gegen dir unbekannte Namen hege kein Vorurteil."

Peter Cornelius hat eine einzige Szene im *Barbier von Bagdad* etwa fünfmal umgearbeitet.

Wenn *Johannes Brahms* von jüngeren Komponisten gebeten wurde, ihre Opera zu begutachten, dann kanzelte er sie oft bärbeißig ab, weil seine Ansprüche bezüglich solider handwerklicher Arbeit nicht erfüllt waren.

Tschaikowsky urteilt einmal über Rimsky-Korssakoff, daß dieser „als ganz junger Mensch in die Gesellschaft von Leuten (geraten sei), die ihn zu überzeugen versuchten, daß er ein Genie sei, zweitens ihm sagten, daß man nicht zu lernen brauche, daß eine Schulung die Inspiration töte, das künstlerische Schaffen eintrockne usw. Zuerst glaubte er daran". Später habe er aber eingesehen, „daß ihre Verachtung der Schule, der klassischen Musik, die Verneinung der Autorität und der Meisterwerke nichts anderes sei als Unwissenheit".

(Dieses und andere Beispiele habe ich [12] entnommen.)

Und selbst bei *Richard Wagner,* der wohl eine gewisse Aura um sich liebte, gibt es mehr an Kompositionsprozessen zu erklären als eine eifrige Jüngerschaft zuweilen für notwendig hielt.

Planerische Momente in der Musikentwicklung des 19. Jahrhunderts sind übrigens oft gekoppelt mit, ja sogar gelegentlich angeregt durch Entwicklungen des Instrumentenbaus. So hat z. B. der Orgelbauer Aristide Cavaillé-Coll (1811–1899) einen von Komponisten um 1850 noch gar nicht genau präzisierten Wunsch nach einem symphonischen Orgelklang durch seine Instrumente so verwirklicht, daß er die französische Orgelmusik um die Jahrhundertwende entscheidend beeinflußte.

Freilich sind Mathematik und Musik unterschiedliche Gebiete. Anders als manches (jeweilige) Laienurteil vermuten läßt, bestehen jedoch keine wesentlichen Unterschiede im Hinblick auf die Anteile rationaler und intuitiver Kräfte bei schöpferischer Tätigkeit in ihnen.
Im folgenden Abschnitt werden wir einige wichtige Einzelfragen vergleichend daraufhin untersuchen, ob doch Unterschiede in den Blick treten.

V

Kann und muß Mathematik nicht ihrem eigenen Bewegungsgesetz gehorchen, während Musik vornehmlich Ausdruck der jeweiligen Zeit ist/sein sollte?

Die meisten Mathematiker würden sich sicher zu Recht wehren, wenn die um 1900 entdeckten *Antinomien der Mengenlehre,* wenn die Kontroversen zwischen *Intuitionisten* und *Formalisten* oder der von Gödel 1930 bewiesene *Unvollständigkeitssatz* (über für die Mathematik wichtige formale Sprachen) mit den kulturellen und politischen Umbrüchen seit der Jahrhundertwende in Verbindung gebracht würden, ohne sich vorrangig um die innere Notwendigkeit der Entwicklungen und die inhaltlichen Leistungen der daran beteiligten Mathematiker zu bemühen.
Populäre und seriöse Deutungen des Musikgeschehens im 20. Jahrhundert haben jedoch analog immer wieder das Erschrecken über musikalische Äußerungsweisen der Gegenwart mit komponiertem Schrecken gleichgesetzt. Dies lähmt das Bemühen um Verstehen/ Kritikfähigkeit ebenso wie die Möglichkeit, Trost oder Schrecken kompositorisch ausdrücken zu können. Auch die Musik benötigt das Recht autonomer Entwicklungen; nur dann „tut sie das gesellschaftlich Rechte" (Adorno [1]). Wenn dies Recht in Musik und Mathematik gesichert ist, dann kann und sollte allerdings in beiden Disziplinen auch von Zeitbezügen die Rede sein. Es lohnt sich z. B., diese im wissenschaftlichen Werk von Leibniz, Euler, Bolzano oder Felix Klein festzustellen und zu deuten.
Freilich: Ein Musiker *kann* sich leichter als ein Mathematiker einen Inhalt vornehmen, welcher (auch) Ausdruck seiner Zeit ist und eher seine (musikalische) Sprache bewußt oder unbewußt dementsprechend wählen. Ähnliches gilt, wenn Empfindungen oder ein „Programm" übermittelt werden. Aber bei diesem „kann" muß es bleiben, sonst wird

z. B. Johann Sebastian Bach durch die Brille einer (für ihn) unzutreffenden Ästhetik betrachtet.

Angewandte Mathematik und „angewandte" Musik im Hinblick auf ihre Aufgaben, Chancen und Gefahren zu vergleichen, wäre übrigens ein weites Feld, welches den Rahmen dieses Vortrages deutlich überschreitet.

> Ist nicht das Verhältnis zur Geschichte des eigenen Faches für Mathematiker ein ganz anderes als für Musiker? Arbeiten nicht Mathematiker weitgehend „ahistorisch", während ein heutiger Musiker von der Musikgeschichte fast erdrückt wird?

Hier ist sicher ein soziologisch vorfindlicher Unterschied gegeben, der aber nicht zur Beruhigung Anlaß gibt:

Die schöpferischen Kräfte vieler Mathematikstudenten werden in den ersten beiden Studienjahren auf eine ernsthafte Belastungsprobe gestellt, weil in den Anfängervorlesungen viele für jede mathematische Tätigkeit grundlegende Kulturtechniken zu vermitteln sind, „kanonische Requisiten ..., bei denen nirgends die Frage berührt wird: warum so? wie kommt man zu ihnen? alle diese Requisiten ... müssen doch einmal Objekte eines spannenden Suchens, einer aufregenden Handlung gewesen sein, nämlich damals, als sie geschaffen wurden". Das Zitat stammt aus einem Vortrag, den Otto Toeplitz 1926 vor der Deutschen Mathematiker-Vereinigung gehalten hat [17]. Er empfiehlt für das Problem der Anfängervorlesungen, welches sich unter veränderten Aspekten – aber unverändert dringlich – immer wieder stellt, eine *genetische Unterrichtsweise*. Sie soll nicht Vorlesungen über Mathematik durch solche über Geschichte der Mathematik ersetzen, wohl aber „die *Genesis* der Probleme, der Tatsachen und Beweise, ... die entscheidenden Wendepunkte in dieser Genesis" für den Hochschulunterricht fruchtbar machen. Und gegen Ende seines Vortrags offenbart Toeplitz, daß es ihm dabei nicht nur um Unterrichtsfragen geht, sondern überhaupt um das „*Verhältnis von genetischer und normativer Auffassung der Mathematik*". Er kritisiert die übliche (z. B. auch von Gauß berichtete (s. o.)) Publikationsweise von Mathematikern, bei der „wir alle, wenn wir es offen gestehen, immer nur den kleinsten Bruchteil der erscheinenden Arbeiten auffassen können, (weil) diese Arbeiten zumeist die *Motive*, von denen sie ausgehen, mehr verstecken als offenbaren. Es ist nicht Stil, Subjektives in der Mathematik zu sagen". Das herrschende Ideal sei eine letzte, objektive Fundierung der Mathematik, die er jedoch für eine Chimäre halte.

Wie in einem musikalischen Stück könnte man an dieser Stelle den letzten Absatz von Abschnitt III wiederholen. Umgekehrt empfinden viele Komponisten der Gegenwart (auch solche, die eine Verständigung mit dem Publikum nicht resigniert oder als unfein aus ihren Zielsetzungen gestrichen haben) das Übergewicht tradierter Werke im gegenwärtigen Musikleben bei gleichzeitigem Fehlen der gesellschaftlichen Kräfte, die sie einst hervorbringen halfen, als einen unguten Zustand. Einer, der darauf unermüdlich hingewiesen und sinnvolle Veränderungsvorschläge gemacht hat, ist der Kirchenmusiker, Orgelbautheoretiker und Komponist Helmut Bornefeld. Einen Abschnitt aus einem Vortrag, den er im vergangenen Jahr gehalten hat, möchte ich deshalb zitieren [3]: „Eine Regeneration ist nur denkbar, wenn das Gesetz des Handelns nicht mehr (wie bisher) von einem ausgelaugten historischen Markt ausgeht, sondern wieder an jene ‚kontemporäre Identität' zurückfällt, die allein das Wesen großer Musik von jeher prägte und in Zukunft prägen kann. In ähnlicher Weise, wie die zweistimmigen Inventionen und die h-moll-Messe ein und demselben Gehirn entsprangen, werden sich eine neue Einfachheit und eine neue Freiheit gegenseitig bedingen und brauchen. Solche Freiheit kann aber niemals aus käuflichem Behagen, sondern immer nur aus Mühsal und Tränen erwachsen. Das wird die schwierigste Lektion sein, die wir Wohlstandskinder auf dem Weg zu einer ‚musica humana' zu lernen haben. Und schließlich: solche Musik muß – was mir eigentlich das Wichtigste wäre – eine Musik der Wiedergutmachung sein, indem sie wenigstens den ‚Resten' jener Kulturen, die einst durch europäische Überheblichkeit zerstört wurden, lernend und empfangend begegnet und ihnen damit ihre Würde zurückgibt (so, wie es Béla Bartók schon vor 60 Jahren in wunderbarer Weise getan hat)."

Viele Fragestellungen spitzen sich zu, wenn *gegenwärtige* Entwicklungen in Mathematik und Musik miteinander verglichen werden. Häufig äußern Mathematiker und Naturwissenschaftler, daß sie die Entwicklungen in ihren Fächern für folgerichtig und organisch halten, auch wenn sie von interessierten Laien als revolutionär oder gar bedrohlich empfunden werden (s. z. B. [8]); und spiegelbildlich gilt dasselbe für Musiker (allgemein: Künstler).

Solchen Einschätzungen kann die Betriebsblindheit der jeweiligen Disziplin zugrundeliegen. Meines Erachtens aber zeugen sie viel mehr von der Schwierigkeit, Entwicklungen in einem anderen Bereich als dem Umfeld des eigenen Berufes wirklich würdigen zu können. Es ist deswegen eine wichtige Aufgabe von Jugend- und Erwachsenenbildung, schöpferische Zugänge zu eröffnen für Gebiete, die nicht den jeweiligen Beruf betreffen [11]. So entsteht auch diejenige Urteilsfähigkeit in wissenschaftlichen und künstlerischen Dingen, die für Entscheidungen in einem demokratischen Gemeinwesen unverzichtbar ist.

Bei einer solchermaßen erneuerten Aufklärung treten auch die Hilfen (erst) hervor, die *eine* Disziplin für die *andere* zur Verfügung stellen kann.

Ein Beispiel: Mathematiker gelten oft als Menschen, die alles messen, quantifizieren wollen. Man verlangt nach ihrer diesbezüglichen Mitwirkung, verteufelt sie aber gleichwohl, wenn sich herausstellt, daß ein Phänomen (wie etwa die Intelligenz) zu komplex ist, um sinnvoll durch eine Zahl charakterisiert zu werden.

In Wirklichkeit beschäftigt sich die Mathematik seit langem mit Beziehungen, bei denen *nicht* alle Objekte miteinander vergleichbar sind.

Mathematiker können daher Musiker vor dem Irrtum bewahren, musikalische Phänomene und künstlerische Leistungen um jeden Preis linear anordnen zu wollen. Sie können ihnen helfen, statt dessen die wirklich vorhandenen Beziehungen zu erkennen, zu verstehen und diese Einsichten in sinnvolle künstlerische Projekte einfließen zu lassen. Hier knüpft dann der Beitrag von Rudolf Wille für dieses Kolloquium an.

VI

Die Argumente aus den vorangegangenen Abschnitten gegen eine vorschnelle Aufteilung rationaler und intuitiver Komponenten zwischen Mathematikern und Musikern haben insbesondere ihre Konsequenzen für Begabtenförderung. Für Mathematik begabte Schüler und Studenten dürfen *um ihrer schöpferischen Fähigkeiten in diesem Fach willen* nicht in Richtung einer kontaktschwachen, intuitiv verkürzten und emotional verkrüppelten Existenz „gefördert" werden. Daß solche Zerrbilder aus humanen Gründen nicht anzustreben sind, darüber besteht zumeist Einigkeit. Rollenfixierungen und Vorurteile im Bewußtsein der Öffentlichkeit bis hin zu Entscheidungsträgern über Förderungsprogramme legen es aber häufig nahe, die Deformationen als Preis für besondere Leistungen in Kauf zu nehmen. Tatsächlich können so aber nur sehr begrenzte „Leistungssteigerungen" erzielt werden, denen Menschen geopfert werden, wohingegen eine ganzheitliche Förderung viel wirksamer und moralisch nicht verwerflich ist.

Analog gilt für Musiker: Die Förderung ihrer konstruktiven und rationalen Kräfte muß als ebenso wichtig betrachtet werden wie diejenige intuitiver und emotionaler Komponenten. Selbst statistische Analysen, die entsprechende Defizite feststellen, dürfen nicht resignierend mit einem Naturgesetz verwechselt werden; sie zeigen vielmehr einen über sehr lange Zeit gewachsenen kulturellen Schaden an, den es zu beheben gilt.

Ich möchte zwei Beispiele nennen: Beim *Bundeswettbewerb Mathematik* des Stifterverbandes für die deutsche Wissenschaft ist m.E. die Ganzheit gewahrt, weil mehrwöchige Hausarbeiten und ein mündliches Kolloquium vorgesehen sind. Bei letzterem spielen auch Gesichtspunkte der allgemeinen Persönlichkeitsentwicklung eine Rolle, wenn auch nicht in so starkem Maße wie etwa bei der Studienstiftung des Deutschen Volkes.

Problematisch ist dagegen die *Internationale Mathematik-Olympiade,* die als reiner Klausurwettbewerb abläuft. Sie wurde auf Initiative einiger Ostblockländer ins Leben gerufen. Nationaler Ehrgeiz, der – wie schon Dehn bemerkte – ein schlechter Ratgeber ist, spielt eine ungute Rolle. Es hat sich auch gezeigt, daß etliche „Olympiadesieger" später beim Bundeswettbewerb Mathematik nur mäßige Leistungen erbrachten: Das Bestehen einer Klausur ist eine für den schöpferischen Mathematiker absolut untypische Arbeitsweise. Mathematische Projekte reifen über eine lange Zeit.

Die sicherlich vorhandene Notwendigkeit, Talente stärker zu fördern als es zeitweilig üblich war, darf nicht dazu führen, verkürzte Biographien, spezialisierte „Arbeitsbienen" zu züchten. Oder, um es einmal ganz drastisch zu sagen: Indem man aus Angst vor der japanischen Konkurrenz den pränatalen Geigenunterricht einführt und alle Erkenntnisse musikalischer Früherziehung wegwirft, geht man nicht sinnvoll mit dieser Angst um, sondern: Ganzheitlichkeit ist vonnöten.

Ich hatte eingangs ein Bekenntnis zu einigen christlichen Motiven angekündigt: Als Wolfgang Amadeus Mozart sich entschlossen hatte, aus den Diensten des Fürsterzbischofs von Salzburg auszuscheiden, hat er ihm am 1. August 1777 ein Schreiben gesandt, in welchem der folgende Absatz vorkommt ([13]):

„Gnädigster Landsfürst, und Herr Herr! Die Eltern bemühen sich ihre Kinder in den Stand zu setzen ihr Brod für sich selbst gewinnen zu können: und das sind sie ihrem eigenen, und dem Nutzen des Staats schuldig. Ie mehr die Kinder von Gott Talente erhalten haben; ie mehr sind sie verbunden Gebrauch davon zu machen, um ihre eigene und ihrer Eltern Umstände zu verbessern, ihren Eltern beyzustehen, und für ihre eigenes Fortkommen und für die Zukunft zu sorgen. Diesen Talentwucher lehrt uns das Evangelium. Ich bin demnach vor Gott in meinem Gewissen schuldig meinem Vatter, der alle seine Stunden ohnermüdet auf meine Erziehung verwendet, nach meinen Kräften dankbar zu seyn, ihm die Bürde zu erleichtern, und nun für mich, und dann auch für meine Schwester zu sorgen, für die es mir leid wäre, daß sie so viele Stunden beym Flügl sollte zugebracht haben, ohne nützlichen Gebrauch davon machen zu können."

Dies ist ein ganz wichtiges Motiv: Die eigenen Talente nicht brachliegen lassen. Es ist wohl zu unterscheiden von dem Streben nach Macht, dem Wunsch, Konkurrenten auszustechen, wovon Mozart auch mit keinem Wort spricht.

In einem weiteren Gleichnis im Neuen Testament wird dieses falsche Motiv korrigiert: Der Herr des Weinbergs tritt dafür ein, daß seine Arbeiter in einem Weinberg arbeiten, ohne auf höheren Lohn als die Kollegen zu spekulieren. Verdankte Existenz, nicht der Platz in der Hackordnung ist das zentrale Motiv eines christlichen Leistungsbegriffs.

Ich mißtraue den Ellbogenmotiven, nicht nur, weil sie meiner religiösen Überzeugung widersprechen, sondern, weil (für mich) gute Erfahrungen mit Studenten und (insbesondere: amerikanischen, jüdischen) Kollegen immer wieder ergeben haben, daß jene Motive entbehrlich sind, daß Freude an der Sache und an Zusammenarbeit weiter tragen.

Dies gilt m.E. auch in größerem Zusammenhang: Die Länder Europas sollten ihre schöpferischen Kräfte in Künsten und Wissenschaften nicht fördern, indem/weil sie atavistischen Vorstellungen des Überlebens in einem Hordenkampf anheimfallen (sowohl untereinander wie im Verhältnis zu anderen Kontinenten, zur dritten Welt). Diese Kräfte werden vielmehr benötigt, damit die *eine* Welt überlebt, damit Leben in ihr möglich bleibt, Leben, das ohne Künste und Wissenschaften nicht lebenswert wäre.

Ich schließe deshalb diesen (auf einem *Oster*symposium) gehaltenen Vortrag mit der 2. Strophe eines Abendmahlsliedes von Johann Andreas Cramer (1723–1782). Sie ist nach meinem Dafürhalten neben den schon genannten Motiven der beste Wahlspruch für schöpferisch Tätige:

„Wenn wir wie Brüder beieinander wohnten,
Gebeugte stärkten und der Schwachen schonten,
dann würden wir den letzten heilgen Willen
des Herrn erfüllen."

Literatur

[1] Adorno, Th. W.: Kritik des Musikanten. In: Dissonanzen, 3. Auflage. Vandenhoek & Ruprecht, Göttingen (1963)
[2] Borel, A.: Mathematik: Kunst und Wissenschaft. Veröffentlichung der Carl-Friedrich-von-Siemens-Stiftung, München (1982)
[3] Bornefeld, H.: Das Oratorium zwischen gestern und morgen. In: Der Kirchenmusiker, 35. Jahrgang, Heft 5. Verlag Merseburger, Kassel (1984)
[4] Cohen, P.: Theorie und Praxis der Clavierästhetik Carl Philipp Emanuel Bachs. Verlag der Musikalienhandlung, Karl Dieter Wagner, Hamburg (1974)
[5] Dehn, M.: Über die geistige Eigenart des Mathematikers. Universitätsdruckerei Werner u. Winter, Frankfurt/Main (1928). Englische Übersetzung unter dem Titel: The mentality of the Mathematician. A Characterization. The Math. Intelligencer 5, 18–26 (1983)
[6] Freud, S.: Das Ich und das Es. Studienausgabe der gesammelten Werke, Band III
[7] Hasse, H.: Mathematik als Wissenschaft, Kunst und Macht. Verlag für angewandte Wissenschaften, Wiesbaden (1952)
[8] Heisenberg, W.: Die Tendenz zur Abstraktion in moderner Kunst und Wissenschaft. Vortrag im Rahmen des Salzburger Ostersymposiums (1969). In: Schritte über Grenzen. Piper Verlag, München (1971)
[9] Hildesheimer, W.: Mozart. Suhrkamp Verlag, Frankfurt/Main (1977)
[10] Meschkowski, H.: Mathematiker-Lexikon. Bibliographisches Institut. Mannheim/Zürich (1964)
[11] Metzler, W.: Für eine Pädagogik des Schöpferischen. Berichte und Gedanken aus mathematischer und musikalischer Arbeit. In: Festschrift zum 30jährigen Bestehen der Heimvolkshochschule Fürsteneck (zu beziehen über die Heimvolkshochschule Fürsteneck, D–6419 Eiterfeld 1)
[12] Moser, H. J.: Dokumente der Musikgeschichte. Kaltschmid Verlag, Wien (1954)
[13] Mozart, W. A.: Briefe und Aufzeichnungen, II. Bärenreiter Verlag, Kassel
[14] Schumann, R.: Gesammelte Schriften, III. Ausgabe Reclam
[15] Siegel, C. L.: Erinnerungen an Frobenius. In: Frobenius, Gesammelte Abhandlungen I. (1968)
[16] Strawinskij, I.: Musikalische Poetik. B. Schott Verlag, Mainz (1949)
[17] Toeplitz, O.: Das Problem der Universitätsvorlesungen über Infinitesimalrechnung und ihrer Abgrenzung gegenüber der Infinitesimalrechnung an höheren Schulen. In: Jahresberichte dtsch. Math.-Ver. 36, 88–100 (1927)
[18] Waerden, B. L. van der: Einfall und Überlegung. Beiträge zur Psychologie des mathematischen Denkens. Birkhäuser Verlag, Basel u. Stuttgart (1954)

Karin Werner-Jensen

Mathematik und zeitgenössische Komposition – eine Umfrage

Wir haben heute morgen sehr viel über historische Bezüge zwischen Musik und Mathematik gehört. Dazu möchte ich einen ganz aktuellen Beitrag leisten mit der Frage: *Welche Rolle spielt die Mathematik innerhalb der zeitgenössischen Musik bzw. welche Rolle spielt sie für den jetzt lebenden und schaffenden Komponisten?* – Nicht meine Aufgabe ist es hierbei, die moderne Musik zu bewerten; das müssen andere tun. Letztlich wird erst die Zukunft darüber entscheiden, was weiter lebt und was nicht. –

Dazu habe ich an alle großen deutschen Musikverlage geschrieben, an den Bärenreiter-Verlag (Kassel), den Bosse-Verlag (Regensburg), Bote & Bock (Berlin/Wiesbaden), Breitkopf & Härtel (Wiesbaden), Peters (Frankfurt), den Schott-Verlag (Mainz) und die Universaledition (Wien) mit der Bitte, folgende Fragen an die von ihnen vertretenen Komponisten weiterzuleiten:

1. Welche Rolle spielt die Mathematik in Ihrer Musik?
2. Auch wenn es auf den ersten Blick dieselbe Frage zu sein scheint – sie ist es nicht:
   Welche Rolle spielt die Zahl in Ihren Kompositionen?
3. Glauben Sie, daß die Mathematik der Musik (z. B. der Weiterentwicklung der Musiktheorie) nützlich sein könnte? Wenn ja, inwiefern?
4. Glauben Sie umgekehrt, daß die Musik die Mathematik befruchten könnte?
5. Halten Sie eine Zusammenarbeit zwischen Mathematikern und Musikwissenschaftlern/Musikern/Komponisten für nötig und sinnvoll?
6. Unabhängig von Musik: Welches Verhältnis haben Sie zur Mathematik?
7. Wenn Sie an Ihre frühere Schulzeit denken: Was fällt Ihnen zum Thema Mathematik ein? (ruhig ausführlich beantworten)
8. Was fällt Ihnen ganz allgemein oder auch im besonderen zum Thema Musik und Mathematik ein?

Freundlicherweise waren alle Verlage spontan bereit, mir zu helfen, so daß ich bei ca. 100 Briefen schon bald etwa 50 Antworten erhielt, das bedeutet eine Rücklaufquote von immerhin 50%. Allerdings waren sie in ihrer Ausführlichkeit sehr unterschiedlich. Wenn manche Namen in der folgenden Auswertung nun also besonders häufig oder auch sehr selten auftreten, so sagt dies nichts über die Qualität der Komponisten und ihrer Musik aus, sondern hat ganz pragmatische Gründe: Ich konnte nur aufnehmen, was mir mitgeteilt worden ist. Soweit zur Methode.

Welche Rolle spielt die Mathematik in Ihrer Musik? Auffallend war da zunächst die extreme Position von Jolyon Brettingham Smith (Berlin). – Obgleich im folgenden viele Komponistennamen einer breiteren Öffentlichkeit unbekannt sein werden, so möchte ich sie dennoch nennen, um nicht zu sehr zu verallgemeinern und eine Nachprüfbarkeit zu ermöglichen. – Smiths These lautet: „Es gibt auf der ganzen Welt kein Phänomen, bei dem Mathematik *keine* Rolle spielt, also ist auch die Musik nicht ohne Mathematik zu denken." Als eine Art Weiterführung dieses Gedankens kann man die Position Wolfgang Hofmanns (Mannheim) verstehen, der Musik in zeitliche (Rhythmus, Tonlänge) und räumliche Proportion (Harmonie, Verhältnis der Schwingungszahlen) gliedert. – Der Begriff der „Proportion" klang dabei in vielen Briefen an. – Da das alles durch Zahlen ausdrückbar ist, sind Noten nur als „Symbole für Zahlen zu verstehen" – eine diskussionswürdige These, die sicherlich auch auf viel Ablehnung stoßen wird. Von „Proportionen" sprechen auch Simeon Pironkoff (Sofia) und Violeta Dinescu (Heidelberg). – Violeta Dinescu möchte ich schon deshalb häufiger zitieren, weil sie anwesend ist und wir die Möglichkeit haben, ihr später direkt einige Fragen zu stellen. – Pironkoff läßt Mathematik sozusagen als Proportionsgeber in seine Musik einfließen. Form wird ihm zum Verbindenden zwischen Musik und Mathematik. Bei Dinescu wird „Mathematik zum Ordnungsprinzip", das ihr die „musikalischen Gedanken strukturiert".

Beispiele für sozusagen angewandte Mathematik nennen Hans-Jürgen Bose (München) und Dieter Kaufmann (Feldkirchen, Österreich) u. a. Sie beziehen sich auf die serielle Musik und auf statistisches Komponieren. Als vermutlich berühmtester Vertreter für Musik, die aus angewandter Mathematik entwickelt wurde, ist hier sicherlich Iannis Xenakis (Issyles Moulineaux, Frankreich) zu nennen.

Bisher wurde das „Gefühl" nicht mit einbezogen. Eine andere Gruppe spricht aber auch diesen sehr subjektiv empfundenen Begriff deutlich mit an. Interessant ist hier die Beschreibung der Rolle, die die

Mathematik im Kompositionsakt selbst spielt. Bei Werner Heider (Erlangen) steht z.B. am Anfang der Einfall, wo Mathematik „kaum eine oder gar keine Rolle" spielt. Erst dann kommt das Ordnen, Strukturieren, „das logische Planen in Form, Rhythmus, Melodik, Motivik, Thematik" – das alles wird bei ihm erst durch Mathematik „zum Stück". „Mathematik ordnet meine Leidenschaften und nimmt meine Träume, Phantastereien in den Griff." Claus Kühnl (Maintal 4 Wachenbuchen) begreift dies bei sich als „Einklang von ratio und emotio". Er schreibt: „Ich habe das höchste Glücksgefühl bei dem Teil meiner Werke, die mathematisch durchorganisiert sind." Er unterscheidet einerseits zwischen denen, die vorher mathematisch geordnet und dann zur Musik wurden, und solchen, die aus Intuition entstanden sind und ihm erst bei nachträglicher Analyse mathematische Logik aufwiesen.

Welche Rolle spielt die Zahl in Ihren Kompositionen? Nur einer, Ernst Křenek (Palm Springs, USA) fand, daß die zweite Frage von der ersten kaum zu unterscheiden sei. Andere Komponisten hatten im Grunde die zweite Frage bereits in die erste Antwort miteinbezogen. Nur auf den ersten Blick erscheint die zweite Frage jedoch dieselbe zu sein wie die erste. Zuerst handelt es sich um „Mathematik", jetzt wird spezialisiert auf die „Zahl". Erwartungsgemäß spielte für viele Komponisten, für die die Mathematik keine Bedeutung innerhalb ihrer Komposition hatte, auch die Zahl keine Rolle (Sutermeister; Trojahn, Berlin; Kurt Hessenberg, Frankfurt) bzw. es wurden beide Fragen positiv beantwortet.

Wolfgang Rihm (Karlsruhe) schreibt z.B.: „Alles Klingende ist durch Zahlen darstellbar." Beispiele dafür, wie ganz handfest die Zahl in die Komposition eingebaut wird, sind das magische Zahlenquadrat (Michael Dehnhoff, Bonn; Milko Kelemen, Stuttgart; Erhard Karkoschka, Stuttgart; Dinescu) und die Fibonacci-Reihe 1, 2, 3, 5, 8 ... (die zwei vorangegangenen Zahlen ergeben in Addition jeweils die dritte Zahl, $1 + 2 = 3$, $2 + 3 = 5$ ...). Brettingham Smith verarbeitet ganz einfach die Zahl 3 für ein Trio, 3×4 für ein Streichtrio (mit 4 sind die vier Saiten gemeint).

Heider nennt seine Komposition „Martinus Luther Siebenkopf". Sie dauert sieben Minuten, hat sieben verbundene Episoden („Köpfe") und sieben Stammtöne mit Modi.

Ein anderer, Frank Michael (Stegen-Eschbach), nennt eine seiner Kompositionen „Tranquillo"; sie ist Candida S. gewidmet. Zugrundegelegt sind hier die „Buchstabenzahl" des Namens der Widmungsträgerin, „nach dem Zahlenalphabet die Menge der Töne in einem Abschnitt oder Satz, die Menge der Viertel und Halben (Metrum), und es wurden die Intervallabstände gezählt und zu Buchstaben, Wörtern, Sätzen und Daten umgemünzt". „Das Erstaunliche für mich war, daß dies, von wenigen Prämissen abgesehen, sich im Unterbewußtsein abgespielt haben muß. Denn ich habe zuerst komponiert und dann kontrolliert", schreibt Michael. Entstanden war dieses Werk übrigens aufgrund des „Zahlenkrimis" in der Reihe „Musik-Konzepte" über Josquin des Prés (hrsg. von Heinz-Klaus Metzger und Rainer Riehn, München 1982) – eine seltene Ausnahme dafür, daß einmal die Musikwissenschaft eine Kompositionsidee angeregt hat und nicht umgekehrt.

Werden Übertragungen auf die Musik jedoch zu primitiv, so kann ich nur mit Rainer Glen Buschmann (Dortmund) sagen: „Nur los, Mathematiker und Musiker, aber bitte keine simplen Zahlenspiele mit pseudowissenschaftlichem Anspruch, wie sie zuweilen in Erklärungen zeitgenössischer Musik betrieben werden." Auf historischen Spuren bewegen sich da Komponisten wie Kühnl, der die Zahl als „Vermittlerin zwischen Mensch und Kosmos" sieht und dem die Musik zum „Abbild der Weltordnung" wird.

Glauben Sie, daß die Mathematik die Musik bzw. der Weiterentwicklung der Musiktheorie nützlich sein kann? Eine ganze Reihe von Komponisten verneinten dies rundweg, wie Trojahn; Heinrich Sutermeister (Vaux-sur Morges, Frankreich), Korn (München) u. a.; Rihm meint ganz einfach, daß die Weiterentwicklung der Musiktheorie die Musik selbst sei, und ist somit jeder weiteren Überlegung enthoben.

Andere Komponisten bejahen mit ebensolcher Entschiedenheit die Notwendigkeit, unter den Disziplinen Verbindungen zu schaffen. So schreibt von Bose, Mathematik sei ihm das „potenteste Mittel zur Erstellung von Ordnungen". Michael sieht in der Mathematik eine Möglichkeit zur Weiterentwicklung von Musik. Kaufmann und Heider brauchen die Mathematik z. B. dringend für ihre elektronischen Kompositionen. Ein anderer Komponist, Dehnhoff, schreibt: „Da für mich, wie übrigens auch für viele andere Komponisten meiner Generation, die elektronische Musik, weil kalt und steril, für die eigene Arbeit keine Rolle spielt, schließe ich dies für mich aus." Zum zweiten wird Mathematik gebraucht für die Akustik – hier sind Namen zu nennen wie Jörg Höller (Köln) oder Hessenberg – und drittens für die Musiktheorie. Da Musiktheorie fast immer Erkenntnisse der praktischen Musik aufgearbeitet habe, lehnt Brettingham Smith die Anwendung veralteter Musiktheorie für sich ab. – In der Tat sind Regeln dann meistens überholt, wenn sie schriftlich fixiert werden.

Glauben Sie umgekehrt, daß auch die Musik die Mathematik befruchten könnte? Etwas provozierend erschien mir diese Frage noch zu dem Zeitpunkt, als ich sie formulierte. Die Vorträge von heute morgen haben jedoch ihren Sinn und ihre Berechtigung noch einmal bestätigt. Neben vielen Nein-Stimmen (Hessenberg, Dehnhoff, Höller, Sutermeister, Trojahn, Heider) und einschränkenden, etwas fragenden (Augustyn Bloch, Warschau, Polen; Pironkoff, M. Kopelent, Prag, Tschechoslowakei; Peter Hoch, Trossingen; Stahmer, Würzburg; Korn u. a.) gibt es auch solche, die an einen Nutzen der Musik für die Mathematik glauben.

Interessant und zu diskutieren ist auch hier wieder die Meinung von Brettingham Smith: „Ich glaube nicht, daß man der Musik abverlangen kann, daß sie irgend etwas Konkretes leistet – außer zu klingen ... Musik ist allerdings eine sinnliche Kunst – und eine natürliche Sinnlichkeit ist etwas, was wir in unserem ganzen heutigen politischen, wirtschaftlichen und sozialen Leben ganz dringend brauchen, wo es überall an natürlicher Sinnlichkeit mangelt, also auch in der Mathematik."

Rudolf Wille als Mathematiker und mit ihm viele andere halten die Zusammenarbeit zwischen mathematischen und musikalischen Disziplinen für nötig. Auch dieser Frage bin ich nachgegangen: *Halten Sie eine Zusammenarbeit zwischen Mathematikern und Musikwissenschaftlern bzw. Musikern oder auch Komponisten für nötig und sinnvoll?* Neben einigen, die, ohne dies näher zu erläutern, einfach mit „Ja" antworteten, gab es auch totale Ablehnungen wie „Nein" (Sutermeister) oder „Um Gottes Willen" (Trojahn). Die meisten Antworten schienen mir aber eher zustimmend zwischen den beiden Extremen zu liegen. „Es käme auf einen Versuch an", schreibt Höller. „Es wäre gut, wenn die Angehörigen der beiden Disziplinen, der Musik und der Mathematik, jeweils mehr vom anderen Bereich verstünden (Brettingham Smith).

Wieder andere halten dies für nicht nötig, aber sinnvoll, wie Cesar Bresgen (Großgmain, Österreich), von Bose, Stahmer, Heider, Beck usw. Allgemein klingt aber durch, daß die Komponisten eine Zusammenarbeit mit Mathematikern wünschen; sie wollen sich aber nicht festlegen und einengen lassen. Man will sich einander annähern, aber nicht berühren oder gar verbinden. So hält z. B. Rihm nur die Zusammenarbeit von Mathematikern und Komponisten „im Vorfeld kompositorischer Arbeit" für anregend. Zusammenarbeit mit Musikwissenschaft führe nur zur Verstärkung von Statistik – er hat offenbar keine sehr gute Meinung von der Musikwissenschaft und ihren Vertretern. Die Arbeit mit Musikern brächte nichts Neues, allenfalls „gestaltete Freizeit". Hier liegen sicherlich auch große Vorurteile. Andere, wie der

Prager Kopelent, verweisen die Mathematik zur Musikwissenschaft. Klingende Musik hat ihm offenbar zu viel mit Intuition zu tun, als daß sie eine Zusammenarbeit wissenschaftlicher Art dulden könne.

„Eines ist mir oft aufgefallen, Musiker haben in der Regel entweder ein sehr gutes oder ein miserables Verhältnis zur Mathematik. Ich gehöre zu der ersten Kategorie", schreibt Buschmann. In ähnlichem Sinne zitierte einmal ein Komponist den Musiksoziologen und Komponisten Theodor W. Adorno, der gesagt habe: „Wer Musiker wird, der ist dem Mathematiklehrer entlaufen." Diese Beobachtung läßt sich auch auf die Ergebnisse meiner Umfrage anwenden. Dabei ist Mathematik offenbar ein ganz exponiertes Fach, das eher extreme Gefühle auslöst wie Liebe und Haß als gleichmütigere. Typisch, wie sonst kaum, scheint mir, daß immer wieder der Lehrer in der Schule genannt und für die spätere Beziehung zur Mathematik verantwortlich gemacht wird. Das heißt, die Frage nach dem Verhältnis zur Mathematik wird im Grunde sehr häufig beantwortet mit den persönlichen Erfahrungen aus Kindheit und Jugend. Die Fragen 6 und 7 lauteten deshalb: *Unabhängig von Musik, welches Verhältnis haben Sie zur Mathematik?* und *Wenn Sie an Ihre frühere Schulzeit denken, was fällt Ihnen zur Mathematik ein?* Hier bat ich um recht ausführliche Antwort. Obgleich getrennt gestellt, wurden diese beiden Fragen in ihrer Beantwortung immer wieder so vermengt, daß ich sie auch in der Auswertung zusammengenommen habe. Die 8. und letzte Frage: *Was fällt Ihnen ganz allgemein oder auch im besonderen zum Thema Mathematik und Musik ein?* ging im wesentlichen in den vorangegangenen Antworten mit auf. Gedacht war ursprünglich von mir, hier die Möglichkeit für Stellungnahmen zu geben, die vielleicht in den früheren Fragen noch nicht provoziert worden waren.

Aber zurück zu den Fragen 6 und 7. Hier wurden sehr klare Bekenntnisse abgegeben – ähnlich, wie wir sie schon heute morgen in anderen Vorträgen gehört haben. „Die Mathematik war das verhaßteste Fach", schreibt Hans Werner Henze (Zürich, Schweiz), „schlechte Zensuren" schreibt Sutermeister, „Horror" (Trojahn), „Horrorschüler, verfrühter Schulabgang" erinnert sich Heinz Winbeck (Landshut), „idiotische Lehrer" (Franz Hummel, Riedenberg), „Alpträume, Verständnislosigkeit" (Peter Hoch, Trossingen), „endlose quälende Stunden, sadistischer Lehrer" (von Bose), „Streß" (Heider), „Panik und Schrecken" werden bei Xavier Benguerel (Barcelona, Spanien) ausgelöst.

Demgegenüber stehen ebenso kompromißlose positive Meinungen. „Die Mathematik war niemals ein Problem für mich" (Brettingham

Smith); Bresgen fand „die Schulmathematik als Denkschulung sehr nützlich" – wie auch andere seiner Kollegen –, um später sehr komplizierte musikalische Formen wie Intervallspiegelung, Krebsformen, rhythmische Probleme leichter lösen zu können.

Eine dritte Gruppe von Komponisten hat *trotz* Mathematikunterricht später zur Mathematik zurückgefunden, und zwar in dem Augenblick, wo sie anwendbar wurde. Hoch z. B. empfand Mathematik erst dann für ihn als sinnvoll, als sie „kreative Mathematik" wurde, und zwar in den Zeiten, wo sie in der seriellen Musik klare, klingende Resultate erbrachte. Křenek schreibt, er habe die Mathematik zwar in der Schule „total vernachlässigt", sei aber gegen 1930 aufgrund der Zwölfton-Technik auf sie aufmerksam geworden. Obwohl von Bose keinerlei Erfolgserlebnisse in der Schulkarriere zu verzeichnen hatte, ist auch er heute ein Bewunderer „mit neugierigem Verhältnis zur Mathematik".

Noch zwei schöne poetisierende Vergleiche zum Schluß, auf die ich nicht verzichten möchte. Da schreibt Kopelent: „Ich fühle mich wie ein Nicht-Schwimmer vor der Tiefe. Er schaut sich ihre lockende Schönheit an, ist aber froh, daß er nicht hinein muß." Und Hummel muß gerade umgekehrt handeln, obgleich er eigentlich gar nicht will: „Mein Verhältnis zur Mathematik ist wie das zu einem ungeliebten Bergführer, dem ich zwar nicht traue, der aber doch der einzige ist, der den Weg kennt. Stundenweise verlasse ich ihn in der Hoffnung, selbst eine Hütte zu entdecken, doch dann renne ich ängstlich und frustriert wieder hinter ihm her."

Dana Scott

From Helmholtz to Computers

Sad to report, my own facility in music is only amateurish, but my interest in classical music has been with me nearly all my life. I was lucky to have had several interesting music teachers, and they opened my ears and made a serious level of appreciation possible. One of my high-school teachers, whom I admired very much, gave me a book on acoustics to read, and it was there I first found the name of Helmholtz. The year was about 1946, and the location was in the wilds of California, a far-away land of strange savages. A couple of years later I was actually able to find a copy of Helmholtz's treatise in English translation in the State Library in Sacramento. I was completely fascinated by the relationships between music and mathematics that Helmholtz was able to show – many of them I realize are still controversial today – and the effort of understanding the mathematics was directly responsible for my later concentration on that subject at the university. All of this reading on acoustics was quite outside the standard school curriculum, please understand, and helps confirm my belief that lives are more determined by accident than by design.

Today, if you read the biography of Helmholtz, you will wonder how one person could do so many things and have so many ideas. It made me tired just to read about his career. It is all very impressive and his scientific accomplishments are very, very great, but if you read Helmholtz's music theory, you will also have to agree, I think, that it has become out-of-date. There are perhaps two reasons for this. First, despite his own remarkable research in physiology and in the psychology of music, so many new things have been discovered in the last century that the various propositions which Helmholtz put forward can no longer be considered valid. This often happens in science and is no criticism of Helmholtz's remarkable originality. In the second place, his experiments had to depend so much on purely mechanical means that they were not very acute. His instruments, both scientific and musical, were too simple and too crude to do things in the exact way he really wanted – say as regards the temperment of scales and the illustrations of the origins of harmony. The results were therefore somewhat misleading, and he may have read too much into them. But he showed us the way!

We should stop to remark that it is only very recently that we have progressed from the (electically enhanced) mechanical/analogue age into the digital one. This is a great development whose consequences we have not as yet absorbed. The Berlin Philharmonic – as well as every other important orchestra – makes their new recordings using only the digital technique. This in an essential step forward in music, not only in being able to have the vivid and accurate reproduction of interpretations we demand, but also in being able to connect serious performance with computer synthesis of music. This introduces a truly great change in the science of musical sounds – one that would have pleased and excited Helmholtz himself. Many new developments in this area remain to be discovered.

If you permit me, I wish to make a prediction. I hope it will be sufficiently shocking. I predict that by the end of the century there will be a major concerto performed with an electronic instrument and orchestra – perhaps with the Berlin Philharmonic. No? That is not so shocking? I made the prediction too safe? You have heard it before? Just a few short years ago it certainly would have been shocking to many, because most electronic composers wanted to do everything themselves and not let the old instruments be used at all. Some probably still do. But I have to say I do not think that is necessarily the best approach. We have had composers write for many combinations of acoustic and electronic instruments, but I do not feel that the "major" concerto has as yet been composed.

Here is what I think is the point: the new digital means of synthesis of music are going to lead to a considerable amount of new work about the preception of music and about the analysis of sound. We will find new answers as to why is it that certain instruments sound the way they do. The basic knowledge is there, but so very much remains to be done to have a full understanding of how it is that we hear a certain type of a sound. The result of such study is going to be a whole family of new sounds, in effect of new instruments. Composers will immediately want to write new concertos mixing the old with the new. The results will be artistically exciting, because so many interesting and beautiful possibilities will feasible. And mathematics will play a big role in this development of classifying, transforming, and creating new sounds.

I think it is fair, by the way, to say that musicians have always wanted to produce new sounds – from the time Monteverdi wanted to play the violin in a different way to the more recent period of the development of many new instruments in the 19th century. I do not think Wagner had the tuba, for example, but depended upon very inexact bass instruments. I conjecture we would be somewhat horrified to hear Wagner's orchestra – to say nothing of earlier groups. Looking at history in this way, I think we can agree that change does not at all have to invalidate musical principles. Revolution does not always imply destruction.

Another development I see is in the control of instruments. We will no longer think in terms of a keyboard or a system of levers, but we will have much more sensitive ways of sensing motion and speed and position. Indeed many people are working now in many countries on such devices. Perhaps eventually the player will be able to play his instrument using his whole body, and communication between the electronic instrument and the human performer will be brought to a degree of great subtlety. Perhaps the player will be more like a conductor. Perhaps it will take two or three players together to play these instruments. Whatever develops, I am sure that the connection between the human sensibility and the power of electronic instruments is going to lead to an entirely new conception of the shaping of sound – and in the participation in the making of music.

Let me make two further points as well. First, I feel that the new electronic instruments will give us completely new views on tuning and temperament. These views, I claim also, would have surprised Helmholtz. The concept of a scale will be studied quite afresh. I have already met several people who are thinking about the possibilities of new tunings. Professor Blackwood from the University of Chicago, for instance, has just written a substantial book about a certain scheme containing a large number of diatonic tunings. Whether his particular choices of scales will become popular for composers is another question. But it is quite clear from his studies that we must think again about voice leading, and this thinking will have a mathematical component. But this will only be the beginning of a new picture of melody. We will then have to rethink the theory of harmony and the approaches to the larger structure of the composition. The once popular method of serialism did not lead to a stable scheme of organization. Perhaps Dr. Mazzola will tell us in connection with his work something about how he views possible alternate developments. There must be new and interesting ideas about modulation to be proposed, for example, and again this will definitely lead to a cooperation between mathematical and musical people.

In the second place, I would also like to point out that the use of the computer also creates the need for new ideas on communication. We have had for a very long time printed music, but it is not such a perfect means of recording ideas, as we all know. The success of printing, for example, depends upon such odd factors as the size of the paper, upon our being able to interpret small pictures, and it suffers from the limitations of two dimensions. Maestro von Karajan remarked to me earlier today that he could not understand why, in one symphony, a player changed the tempo at a certain place. He asked to see the music. The way it had been engraved, the notes were closer together – just in order to get it all onto one page! Even though that should not have any effect on the player, it was confusing and did have some undesirable effect. Communication of music should not be hampered by such accidents.

An important use I see for the computer, then, is not necessarily only in the making of electronic musical sounds but in giving form to the musical score. I think, moreover, that it is going to be possible for the composer to use a new language of definition. This definition of the piece might be connected with an electronic instrument, so that you could hear it in one version with the aid of the computer, but the role of the machine might be mainly to hold (and perhaps, transform) the score. The very same score could be viewed by a player in many different ways – each way having its own musical realization.

I can see, therefore, good educational applications of the computer employed in this manner, because it allows the players and the conductor (or teacher) to study the score together by viewing it in many different ways and by viewing it dynamically. This could be a far better approach to learning a piece of music than the methods that we had used for so long with printed music. Of course, the computer-held score could be printed as well. I do not really believe that computers will displace the use of paper very soon – if ever. (I like books too much, so I hope it will not displace them!) The point is that the computer display is much more flexible than the printed page for many purposes, and we will soon find way of using this flexibility very widely – including in music.

I summary, then, I feel that the advent of the new electronic aids will make new modes of musical thinking possible, and some of this thinking will be very mathematical in character. We will see as a consequence a new artistic development that will fuse musical sensibility and the modern machines together in totally unsuspected ways. We should not fear the computers but welcome them and make them do what we want. But it will take hard work and much imagination to accomplish these advances. The prospects, however, are exciting, and I look forward to the future.

Guerino Mazzola

Sechs Thesen zur Rolle der Mathematik für die Musik

These 1. Das Musikwerk wird immer von jemand komponiert, um dann vom Hörer wahrgenommen zu werden. Das Werk ist als Mittelglied zwischen Produktion und Rezeption eingespannt. Daß diese Trias im konkreten Fall recht verwickelt aussehen mag, ist evident, ändert aber grundsätzlich nichts an der Bestandsaufnahme. Das Werk hängt demnach in einem Netz von subjektiven Bewertungen der an seiner Realisation Beteiligten. Gerade deswegen wird es oft als selbständige Größe vergessen. Es existieren aber mannigfache Eigenschaften am Werk, die objektiv feststehen oder festgehalten werden können. In der zeitgenössischen französischen Musiksemiologie wird diese Bestandsaufnahme als neutral qualifiziert. Zum Beispiel ist die Anzahl der Töne einer Komposition, um ein triviales Beispiel zu nennen, Teil einer neutralen Analyse. Es ist durchaus lohnlich, dem tieferen Verständnisprozeß die neutrale Analyse vorangehen zu lassen. Dazu ist die exakte Sprache der Mathematik vorzüglich geeignet, gestattet sie doch, die neutrale Bestandsaufnahme bis zu sehr komplexen Strukturen voranzutreiben. Wir betonen, daß es sich hierbei um eine Beschreibungsmethode und nicht a priori um einen Begründungsversuch handelt. Die Tatsache, daß ein Werk aus 1560 Tönen besteht, darf kaum als mathematischer Begründungsversuch überbewertet werden. Auch komplexe mathematische Strukturen ändern grundsätzlich nichts an diesem beschreibenden Standpunkt.

These 2. Bekanntlich kann die Physik nicht mit dem kleinen Einmaleins beschrieben werden. Es dürfte in diesem Sinne auch kaum gelingen, mit mathematischen Trivialitäten ein Verständnis von Werken großer oder genialer Komponisten zu erhoffen, wenn man einmal grundsätzlich bereit wäre, exakt-wissenschaftliche Sprache in den Verständnisprozeß einzugliedern.

These 3. Genausowenig wie sich die Mathematik selbst auf mechanische Algorithmen reduziert, dürfte die Beschreibung musikalischer Sachverhalte sich in Algorithmen erschöpfen. Musikdenken ist auch in einer möglichen mathematischen Gestalt nicht linearisierbar, ist nicht auf Computerprogramme zu reduzieren.

These 4. Die Exaktheit der mathematischen Sprache widerspricht nicht der Poetizität des Musikwerkes. Dies ist ein Punkt, der hinsichtlich der Emotionalität der Diskussion um die Rolle der Mathematik für die Musik zu beachten wäre. Gerade in der linguistischen Poetologie, die der musikalischen Poetologie ein Modell darbieten kann, ist mit den Namen Roman Jakobson und Nicolas Ruwet die Erkenntnis verbunden, daß ein mathematisch orientiertes, präzises Vokabular wesentliche Einsichten ermöglicht in poetische Sachverhalte. Allerdings sind die Gefühle des Komponisten bei der Produktion und die des Hörers bei der Rezeption des Werkes strikt zu unterscheiden von der poetischen Struktur, obwohl sie mit derselben in einer engen Wechselwirkung stehen. Es kann sich, um in einer Metapher zu sprechen, für den Piloten einer „Concorde"-Maschine ein herrliches Fluggefühl einstellen, allerdings muß er durch und durch auf das präzise Funktionieren der Mechanik vertrauen können, ja sein hohes Gefühl wird ihm letztlich dank dieser leistungsfähigen Mechanik erst ermöglicht.

These 5. Eine mathematische Musiktheorie muß in der Entwicklung ihrer Strukturen unter allen Umständen der Variabilität der Interpretation im Konzertsaal durch Interpreten und Dirigenten, derjenigen des Hörers in seiner Individualität und jener der musikwissenschaftlichen Analyse Rechnung tragen. Musik ist grundsätzlich, und dies auf allen Bedeutungsebenen von der Akustik bis zur Konnotation, eine vieldeutige Kommunikationsform. Mathematische Beschreibung sollte deshalb vermeiden, als dogmatisch beurteilt zu werden. Die Formalisierung der Vieldeutigkeit ist eine machbare und interessante Aufgabe gerade für mathematische Sprachfindung.

These 6. Es kann nicht genug betont werden, daß Musik genausowenig wie Poesie der Sprache auf Akustik, Hirnphysiologie und Physik im allgemeinen reduzierbar ist. Sie ist symbolischer Ausdruck von Gedanken, wie etwa die Geometrie. Dieser Punkt ist für die historische Diskussion des Themas Musik und Mathematik von Bedeutung. Die fast automatische Identifikation mathematischer und naturwissenschaftlicher Argumentation ist ein Relikt aus dem 19. Jahrhundert, die heutige Mathematik hat mit Physik nur noch sehr beschränkt zu tun.

Violeta Dinescu

Gedanken zum Thema „Kompositionstechnik und Mathematik"

Wenn man ein Musikstück komponiert, merkt man intensiver, daß eine Grundidee als Keimzelle seiner Gesamtstruktur und seiner Details notwendig ist. Um ein organisch aufgebautes Stück zu erhalten, ist es wichtig, Stil und Form, Strukturordnung und Proportionen der Teile aus dieser Grundidee zu gewinnen.

Seit der Antike hat man immer wieder versucht, den engen Zusammenhang von Musik und Zahl fruchtbar werden zu lassen. In der Musik, die Aristoteles die Wissenschaft des Hörbaren nannte, wird das unendliche Kontinuum der Klangwelt strukturiert, wobei häufig mathematisches Denken einbezogen wird. Im musikalischen Kunstwerk wird die Materialebene der Tonhöhen, Dauern, Intensitäten und Klangfarben auf eine neue Ebene gehoben. Auf dieser Ebene sind im Laufe der Musikgeschichte melodische, harmonische, polyphone und heterophone Abläufe in Verbindung mit Rhythmik, Dynamik und Instrumentation in immer neuen Erscheinungsformen entstanden. Die Erschließung des Klangmaterials wird weitergehen sowohl durch theoretische Überlegungen als auch durch Realisierung immer feinerer Klangstrukturen, in denen sich häufig versteckte mathematische Zusammenhänge widerspiegeln werden.

Man sollte reichhaltige Beziehungen zwischen dem Mathematikdenken und dem Musikdenken entwickeln und kultivieren. Damit würden sich neue Möglichkeiten eröffnen, mathematische Modelle für den schöpferischen Prozeß zu nutzen. Allerdings kommt den mathematischen Modellen nur ein begrenzter Stellenwert zu, und zwar so begrenzt, daß sie einer wirkungsvollen schöpferischen Tätigkeit nicht entgegenstehen. Wichtig für die Musik ist die Möglichkeit, mit Hilfe der Mathematik ein einheitliches Ganzes beschreiben zu können. Durch mathematische Betrachtungsweise gewinnen die musikalischen Elemente eines gut durchkomponierten Werkes an Einheit. Man kann die musikalischen Elemente auf unterschiedliche Weise zu kleineren und umfassenderen Sinneinheiten kombinieren, wobei sich Form und Bedeutung eng miteinander verbinden. Eine tiefere Beziehung zur mathematischen Welt kann dabei für die musikalische Schöpfung fruchtbar werden, aber nur, wenn die dialektische Verkettung musikalischer und mathematischer Strukturen in der Komposition essentielle Bedeutung erlangt.

Die Ausführung einer mathematischen Grundidee und musikalische Strukturierungen in Anlehnung an Methoden der Mathematik finden sich in einigen meiner Kompositionen. Die Idee des Logarithmus habe ich in dem Zyklus „Echos" umgesetzt, wobei die Musik versucht, die Strenge der mathematischen Struktur durch die Erschließung neuer Räume zu durchbrechen. Das Orchesterstück „Anna Perenna" gründet auf der Struktur eines endlichen Zahlenringes, aus dem Intervalle, Richtungen, Proportionen, Instrumentendichte, monodische, polyphone und heterophone musikalische Strukturen abgeleitet werden. So ergibt sich für den musikalischen Ablauf, daß durch ununterbrochene Veränderung und Erneuerung die gleiche Idee in immer andersartigen Erscheinungsformen hervortritt.

Es ist wichtig zu bemerken, daß die Entdeckung neuer musikalischer Strukturtypen nicht vom mathematischen Denken abhängig zu sein braucht. Der Vorgang musikalischer Entdeckung wird von intuitiver Kreativität regiert. Auch wenn mathematische Strukturen und Methoden für die Komposition wichtig sind, reichen sie allein als Handwerkszeug nicht aus, sondern bedürfen einer Verbindung mit anderen schöpferischen Dimensionen.

David Epstein

Mathematics, Structure and Music: Performance as Integration

We began today with the question: Is there a relationship of mathematics to music? Certainly there can be no doubt, at this point in our discussion, that there is not just *a* relationship but in fact many relationships. It seems unnecessary to review the facets of these relationships that have been so brilliantly set forth by my colleagues today. However, several questions have been raised that I would like to pose for further discussion.

It is clear that, among other things, mathematics is concerned with the study of structure. It is equally obvious that structure in music is paramount in several respects, some of them mathematical in nature: There are structural hierarchies in music; there are parameters, aspects of linearity and non-linearity; there is proportionality; there are musical events that embody logic, in terms of assumptions, axioms, modes of procedure and the like. It is also obvious that there is an aesthetic element involved with structure and the observation of structure. This has been touched upon today, and indeed the point holds with respect to music as it does mathematics and other kinds of structure. I suspect, however, that much of the aesthetic power in music may lie in areas other than the purely structural – for example, in movement, or motion, and the profound bodily sensations involved with motion and its progenitors: rhythm, pulse, articulation, tension and release. It is no accident that the English word "emotion" is linked with motion.

It is also obvious that both mathematics and music involve intuition, logic and process as ways of dealing with structure. These musico-mathematical relations, and the fact of structure itself, raise an important issue common to both fields – the need for representation and abstraction, and the need to distinguish between them.

By way of example: A musician presented with a musical work faces a highly complex phenomenon of sonorities, pitches, melodies, harmonies, tonal schemes (if tonal music), rhythms, metrics, articulations, dynamics, etc., all of these elements hierarchized and variously interrelated. The mind seeks modes by which to represent, and hence to grasp, such complexity. Representation is really a first step in dealing with this phenomenon and, subsequently, controlling and performing it.

There are numerous ways to represent such an entity, some of them more powerful than others. Mathematics, or more precisely, certain branches of mathematics, offer some of these powerful approaches. We must be careful, however, that such representation, among other things, avoids paraphrasing other modes of representation that are useful and satisfactory in their own terms. It is tempting to make similes and comparisons across modes and domains of thought, but should they in the final analysis be little more than paraphrase, the endeavor may wind up essentially an exercise or game, rather than a way of advancing our level of knowledge and control.

I do not refer to anything stated today, but I do recall discussions in the past where music has been seen, for example, in terms of information theory, where concepts like information, identity, redundancy, implication, expectation, realization and the like are used as major elements in the argument. These terms are valid characterizations of music, but I sometimes wonder – and I am not resolved on this point – if in fact we are not saying something in a different language that is already stated satisfactorily in the language of music itself, where these things are understood.

On the other hand abstraction, which is certainly a major aspect of mathematics, is extremely powerful. Abstraction, that is, in the sense of a formula, or of a model, by means of which we are able to obtain a higher grasp of the elements that comprise a structure, and by doing so gain a richer concept and greater control of that structure. As with any good formula or model, we can always plug in details of the structure when need demands.

An example of such abstraction in music are the theories of Heinrich Schenker. Schenker developed what was essentially a reduction technique, by means of which he was able to demonstrate fundamental aspects of tonal music – the melodic line, the underlying bass, the interpolated voices between these outer parts which in large part account for harmony in a beat-by-beat sense. By successive reductions of this model – by deleting, that is, the non-essential notes of a melody or bassline, and even ornamental elements of broad harmonic structures – Schenker was able to reveal the foundations of a work: that which was basic to its very being. What is revealed by this process is a hierarchic structure. In viewing it one can move easily among the different levels of this structure, removing and replacing relevant information as needed, and further making distinctions between that which is basic and that which is embellishment.

All the points we have mentioned today omit one important aspect of music, and in saying this I speak from the vantage point of a performing musician. We have spoken of structure, but we have ignored the fact of time. Real time, that is – time which passes, second by second, as the performance of a work progresses.

A musical work can be seen as a continual interplay of details among its hierarchized parameters. A performer must internalize this intricate matrix of details. There is for the performer yet another aspect of the music as well: that moment of truth when, in performance – within the passage of real time, that is – all these complexities must be synthesized. All must be integrated, and rendered with that simplicity and rightness that makes this dense complex seem natural.

This point may help us realize what a remarkable phenomenon a fine performing musician is – that s/he can so coordinate this information, oscillating in perspective among its different parameters, checking what is right and wrong, instantaneously making corrections – and at the same time allow the work to move through time with a seeming inevitability to its conclusion.

This demand of real-time integration is unique, placed only upon a performer. Even the composer – that ultimate source of creativity and repertoire – does not face it, though it is s/he who initially conceives these complexities. For the composer's work is done outside the pressure of time and its passage. The composer enjoys a time-free luxury, a freedom from the constraints of real-time and its flow. The details of a composition can be worked out at a pace that fits a given day's creativity. Real time and its demands do not obtain, and will not obtain until the music sees the light of day – that is, until it becomes a true musical reality, which happens only in performance.

A performer, then, must not only comprehend the intricate network of structural and affective associations within a work; s/he must also contend with these intricacies, and control them as they flow by. Performance thus adds another dimension to musical structure, that of time itself. As we discuss music and mathematics, particularly those aspects of structure that span these disciplines, we must deal with this phenomenon of time and its passage. We must concern ourselves with the coordination and integration of structure within this temporal flow, as it is understood and experienced in that ultimate reality of music – its performance.

Ausschnitte aus dem Gespräch der Teilnehmer

Wille (Gesprächsleitung): Wir haben ein breites Spektrum, eine reichhaltige Landschaft, viele Ansichten zum Thema „Musik und Mathematik" kennengelernt. Es ist sicherlich nicht einfach, derart viele Anregungen zu diskutieren. Vielleicht halten wir es so, daß wir erst einmal mit dem Frischesten beginnen und uns dann schrittweise rückerinnern an das, was auch in den Vorträgen gesagt worden ist. Mir selbst fällt spontan ein, was meine Kollegen aus Amerika hier vorgetragen haben: Herr Scott hat von den großen Möglichkeiten gesprochen, die sich mit der neuen Computertechnik für die Musik eröffnen, und Herr Epstein hat darauf hingewiesen, wie stark auf verschiedenen Ebenen die bewußtseinsmäßige Erfassung dessen, was dort für die Musik passiert, eine Rolle zu spielen hat. Vielleicht können wir an diesem Punkt mit unserem Gespräch ansetzen.

Scott: I would like to ask Professor Epstein a question. In discussing the question of performance in "real time" (that is, second by second), I did not quite see where you receive the mathematical problems to lie. There are, of course, lots of engineering and psychological problems in performance. Insofar as engineering requires mathematics, there will be that connection. There are also many aesthetic problems: to find the right attack, the right way of shaping the phrase. But where do you see the mathematical problems?

Epstein: The question is the integration of this mathematical understanding in human terms, and human terms must involve the passage of real time. One of the major problems of electronic music is, in fact, that there has been difficulty in integrating the numerous, complex mathematical factors in such a way that one senses naturalness (the best word I can find) in the articulation of the music.

von Karajan: Wir haben heute viel davon gehört, wo sich Mathematik in anderen Kunstformen auswirken kann. Da sind als Beispiel genannt worden die Architektur und die Malerei. Nun, ich glaube, eine Sache ist nicht berührt worden: Nehmen wir die Musik als geschriebene oder gehörte Musik? Ist die Niederschrift einer Partitur schon das Kunstwerk oder ist es erst dann lebendig, wenn es tatsächlich gespielt wird? Die Erfahrung habe ich relativ oft gemacht, daß Komponisten, die ihre

Partitur zum erstenmal hören, völlig erstaunt sind, wie es klingt. Ich glaube, es gibt auf der Welt nicht fünf Menschen – ich bin sicher davon ausgenommen –, die auf das Durchlesen einer modernen Partitur hin sich einen wirklichen Eindruck machen können. Ich kann mir vorstellen, daß man in der Niederschrift eines modernen Kunstwerkes sehr wohl die mathematische Struktur aufzeigen kann. Wenn ich mir eine Fuge anschaue, kann ich genau sehen, wie sie konstruiert ist: Zuerst einmal die Exposition, da sieht man jedes Thema in der Partitur ganz genau; wenn es dann zu Komplikationen kommt, daß zum Beispiel eine Stimme das Thema in vierfache Längen ausbreitet, die andere nur in doppelten, das ist viel leichter zu sehen als zu hören. Ich habe in meiner ganzen Praxis nicht drei Leute kennengelernt, die noch vier Stimmen überhaupt hören und unterscheiden können. Die Frage ist dabei ganz einfach die: Soll man oder will man es überhaupt hören? Es könnte auch sein, daß jemand durch lange Gewohnheit und Training sich das aneignet. Aber was hat er dann davon? Er wird wahrscheinlich in dem Aufnehmen der einzelnen Teile so zerrissen sein, daß er für das Ganze keinen Sinn mehr hat. Also, ich meine, da müßte schon eine Unterscheidung gemacht werden. Ein Bild interpretiert sich von selbst. Sie können es nach jeder möglichen Richtung halten, aber es kann sich nicht ändern für denjenigen, der es ansieht. Ich will jetzt gar nicht für mich Reklame machen, aber bei einem Musikstück ist es doch sehr viel anders. Wenn es interpretiert wird, wird es zu etwas anderem.

Metzler: Ich improvisiere sehr gerne und würde gerne Mut dazu machen, die Grenzen der Interpretation zu erweitern, auch im Hinblick darauf, daß Interpreten nicht mehr die Trauer überkommen muß, daß ihnen sozusagen definitorisch eigentliche schöpferische Akte kaum zugestanden werden. Ich glaube, daß Interpreten ein viel größeres Recht auf schöpferische Tätigkeit für sich in Anspruch nehmen könnten, und zwar schon, bevor man von Improvisation spricht, spätestens jedoch dann, wenn Improvisation auch wieder zur Disposition steht. Dann kann man gar nicht umhin, Aufführungen in der einen Situation als so gestaltetes Erlebnis, in einer anderen Situation als anders gestaltetes Erlebnis zu nehmen. Die Parallelen zur Mathematik will ich an dieser Stelle nicht durchdeklinieren. Sie treten z. B. auf, wenn vom mathematischen Unterricht die Rede ist. Im mathematischen Unterricht und in mathematischen Büchern wird auch nicht der gleiche Lehrsatz stets auf die gleiche Weise dargestellt. Die Klärung von Fragen zu Interpretation und Improvisation sehe ich nicht als eine mathematische Aufgabe an, wohl aber eine, bei der es sich lohnt, Vergleiche anzustellen. Wie sieht es in den verschiedenen Disziplinen aus? Auf jeden Fall sollten die

Mathematiker nicht diejenigen sein, die andere in etwas hineinstecken, worin sie selbst am Ende nur unglücklich würden.

Mazzola: Ich wollte noch kurz etwas sagen zum Problem des Werkes, das man oft auf die Partitur reduziert. Ich meine, daß die gesamte Identität des Werkes zu sehen ist erstens in der Intention und der Arbeit des Komponisten, zweitens in der Partitur, die in Noten vorliegt, und drittens in der unendlichen Vielfalt der Interpretationsmöglichkeiten, sei es beim Spielen oder beim Dirigieren oder letztlich auch beim Hören, beim Verstehen im Hören. Ich glaube schon, daß man diese Dinge unterscheiden sollte. Lassen Sie mich zur Illustration der Problematik auf den Zeitbegriff zurückkommen, den Herr Epstein und Herr Scott angeschnitten haben. Es gibt nach meiner Erfahrung mindestens drei Zeiten in der Musik, nämlich die abstrakte in den Noten gegebene Zählzeit, dann die physikalische Zeit, die durch die Zählzeit nicht eindeutig gegeben ist, und noch eine dritte Zeit, die jenseits von diesen Materialzeiten liegt, die logische Zeit, die Denkzeit, mit der man die Musik gemacht hat. Da kommen wahrscheinlich Probleme auch für die Computer hinein, denn man denkt die Musik nicht in der Linie, wie sie abgespielt wird. Man hat z. B. eine Absicht, man will irgendwohin modulieren. Das sind also mindestens drei Zeiten.

von Karajan: Ich habe noch eine vierte. Die Zeit, die abläuft im Verhältnis zu dem, wie es dargestellt wird. Ich glaube, ein sehr gutes Beispiel dafür ist der Schlußsatz der 7. Sinfonie von Beethoven. Der geht so schnell, daß man es kaum mit den Ohren wahrnehmen kann. Wenn ein Orchester dazu gezwungen wird, jede einzelne Note wirklich aufzusetzen, ist das in dem schnellen Ablauf wirklich sehr schwer. Denken Sie dabei nur an einen Kontrabassisten, der schnelle Notengänge durchspielen muß; er hat ungefähr 1½ kg zu drücken, um die Saite niederzubringen. Wenn Sie jede Note hören können, dann kann es sein, daß ein relativ langsameres Tempo viel schneller klingt oder umgekehrt. Wenn Sie im ersten Satz derselben Sinfonie den Grundrhythmus nehmen – der ist eins, drei, eins, drei, ... – können Sie sehen, daß sich schon nach acht Takten die Bögen der Streicher ganz gleichmäßig auf- und abbewegen. Ich sage dann immer, es muß den Eindruck machen, daß jemand mit einem Fuß auf der Straße geht und mit dem anderen auf dem Trottoir. Wenn es wirklich so durchgespielt wird, dann kriegt das Tempo einen rasenden bass, wie man im Englischen sagen würde. Es klingt dann viel schneller, als wenn es schnell, aber falsch gespielt wird. Also das ist, glaube ich, eine vierte Zeit.

Götze: Ich möchte auf die Frage der sogenannten Werktreue eingehen. Nach den verschiedenen Ausdrucksfaktoren, die zur gleichen Zeit wirksam sind, wie Herr Epstein vorhin eindrücklich geschildert hat, ist es doch eigentlich ausgeschlossen, daß auch nur zwei Orchester oder zwei Dirigenten ein Werk gleichartig interpretieren können. Ich glaube, man kann hier das Wort anwenden, was vom Impressionismus gesagt wird: Es ist eine Partitur gesehen durch ein Temperament. Das wird immer so sein und kann gar nicht anders sein. Es ist schön, daß es so ist. In der Musik gibt es eine weitere Dimension, die eben über das Bild, das einmal gemalt ist, und allenfalls altern kann, hinausgeht. Deshalb ist der Begriff der Werktreue ein so zweifelhafter, worin gar kein Mangel gesehen werden sollte. Was hat aber nun die Mathematik mit allem zu tun? Ich würde sagen, die hat in diesem Moment nur Kenntnis davon zu nehmen, wie es ist. Mathematik – so wie ich das verstehe – als Reflexion dessen, was man ausdrücken will im Ton oder in der Zahl, wird im Prozeß der Komposition realisiert, und ein Weg zum Verständnis dieser Komposition liegt in der Aufdeckung der zugrundeliegenden mathematischen Prinzipien; ob sie absichtlich oder intuitiv von einem genialen Komponisten eingebracht sind, das spielt hierbei nur eine sekundäre Rolle. Wenn man sie besser aufklären könnte, dann könnte das helfen, die Interpretation besser zu verifizieren. Das, meine ich, könnte der Nutzen einer guten mathematischen Interpretation sein, die Grundabsicht einer Komposition, die musikalisch aus Tönen und mathematisch aus Zeichen besteht, wiederaufzufinden.

von Karajan: Da ist aber die Gefahr, daß man durch das Wissen darum sehr viel von dem Genuß verliert, weil Sie auf ein anderes Gebiet gehen. Nehmen Sie einen Gorgonzola-Käse, den Sie essen wollen. Sehen Sie ihn durch ein Mikroskop an, so essen Sie ihn sicher nicht mehr, weil Sie die Würmer gesehen haben.

Götze: Ich meine nicht die Zuhörer. Das gilt alles nur für den Komponisten und Interpreten. Die mathematischen Hintergründe einer Komposition braucht der Zuhörer nicht zu wissen, wenn er sich nicht dafür interessiert und selbst den Drang hat, das einmal kennenzulernen. Das ist eine Frage der tieferen Interpretation. Auch ein Besucher der Alten Pinakothek in München macht sich nicht immer klar, welche Kompositionsprinzipien Rubens angewandt hat, und hat doch seine Freude daran. Das Entscheidende ist, daß man, wenn man, sich intensiver mit der Kunst befaßt und vielleicht sogar einmal feststellen muß, ob ein Bild nun wirklich ein Rubens ist, dazu gewisse kompositorische Vergleiche anstellen muß. Je tiefer man die dann führen kann, um so besser ist es. Das ist für mich die Frage der mathematischen Interpretation.

von Karajan: Manche, besonders Bach, haben, ohne es wahrscheinlich überhaupt zu wissen, einfach von Natur aus dieses Gefühl gehabt. Wenn Sie die Kunst der Fuge genauer durcharbeiten, können Sie nicht anders als denken, daß Bach mit einem ungeheuren, mathematischen und auch zusammenfassenden Geist begabt war, der ihm das möglich gemacht hat und, obwohl er es nicht gewußt, sondern nur instinktiv gefühlt hat, ist eben dieses Kunstwerk herausgekommen. Wir haben schon vor langer Zeit bei der EMI in London eine Fuge von einem Computer herstellen lassen. Er war genau informiert über die Form- und die Stimmführungsregeln. Es wurde ein vollkommen richtiges Stück. Nur es war keine Musik.

Götze: Hier kommt meine nächste Frage, wenn ich die gleich anschließen darf; sie ist an Dana Scott gerichtet. Wenn wir immer mehr solche, wie ich es einmal ausdrücken möchte, Musikkonserven haben (Schallplatten sind schon welche) und wenn wir dann auch noch Computermusik entwickeln, so daß nur noch auf den Knopf gedrückt werden kann und eine bestimmte vorher komponierte Musikfolge abläuft, dann fällt der Punkt, die Partitur gesehen durch ein Temperament, völlig weg, und die ganze Musiklandschaft wird langweilig.

von Karajan: Wie will man das ändern. Schauen Sie, in einer Welt, in der die Arbeitszeit kürzer und die Freizeit immer größer wird, steigt das Bedürfnis nach Musik. Ich habe immer gesagt, warum sollen nicht die Menschen, die es noch nicht kennen, ein Gefühl für die Schönheit der Musik bekommen, und ich muß sagen, ich bin glücklich, daß mein Leben mir zumindest bis zum heutigen Tag ermöglicht hat, an der Verbreitung der Schönheit der Musik teilnehmen zu können. Ich habe einmal eine Rechnung gemacht, was geschehen würde, wenn ich sämtliche Wünsche aller Konzertinstitute usw. befriedigen würde. Dann müßte mein Berufsleben, das mit 19 Jahren angefangen und jetzt doch bald zu Ende kommen wird, sich dreimal wiederholen, und ich müßte in diesem Berufsleben jeden Tag dasselbe Konzert dirigieren. Ich finde, man sollte für den Ersatz froh sein. Ein Konzert von einer Videoplatte, das ist doch kaum mehr zu unterscheiden von einem tatsächlichen Konzert. Die meisten von Ihnen haben gar keine Ahnung, wie schwer es in meiner Jugend war, sich ein Musikstück anzueignen, auswendig anzueignen, wo man ein Klavier gehabt hat und sonst nichts. Aber ein Klavier kann nicht einen Orchesterklang hergeben. Es gab eben nur die paar Gelegenheiten, wo man nach Wien gekommen ist. Heute können Sie sich alles nach Hause bestellen. Ich beneide Sie alle.

Wille: Herr von Karajan ist insbesondere auf die Frage eingegangen, wieweit Mathematik in Musik überhaupt bewußt wahrgenommen werden sollte. Vielleicht sollten wir diese Frage noch einmal aufnehmen.

de la Motte-Haber: Da ich, wie ich glaube, ohnehin der Ketzer hier am Tisch bin, möchte ich die Mathematiker herausfordern. Wir haben fast nur Beispiele aus der älteren Musikgeschichte und der jüngsten Musikgeschichte gehört, in denen mathematische Prinzipien wirksam werden. Die Musik, für die der Begriff der Logik entwickelt wurde und wohl auch unserem Empfinden nach eine gewisse Bedeutsamkeit hat, diese Musik scheint weder mathematisch abbildbar, noch beschreibbar, noch überhaupt in ihren Strukturen durch die Mathematik irgendwie erfaßbar zu sein. Das hängt partiell auch mit der Vieldeutigkeit dieser Musik zusammen. Die Mathematik hingegen ist ein System, das doch mehr oder weniger auf die Argumente wahr und falsch, also auf Eindeutigkeit hin angelegt ist. Für mich ist die Frage, ob es im Bereich des menschlichen Denkens möglich ist, daß es mehr als nur eine Logik geben könnte und daß die musikalische Logik eine Form ist, in der die mathematische Logik in Frage gestellt wird.

Metzler: Um die Frage nach der angemessenen Beziehung zwischen Mathematik und Musik angehen zu können, ist es eminent wichtig, daß Musiker die Mathematik in ihrer gegenwärtigen Erscheinungsform zur Kenntnis nehmen und daß auch umgekehrt Mathematiker sich nicht an den Zerrbildern ihres Musikunterrichts in der Schule orientieren. In dem Bericht von Frau Werner-Jensen haben wir gehört, wie Musiker sich an dem Zerrbild des Mathematikunterrichts später aufhängen. Erst wenn sich die Mittler finden, die jeweils dann auch Vermittler und auch bewußt Vereinfacher zu sein in Kauf nehmen, um Kontakte zwischen Disziplinen herzustellen, dann halte ich eine fruchtbare Zusammenarbeit für möglich. Ich glaube, man kann zu wirklichen, produktiven Zusammenhängen kommen, und ich habe die Hoffnung, daß das nicht ein Prozeß ist, der an zu großer Komplexität der Gebiete scheitern muß, sondern daß es Möglichkeiten gibt, sich wirklich auch auf dem inzwischen erreichten Stand der Gebiete zu verständigen und dann in Kooperation zu geraten. Aber ohne Klärung der Vorfragen, auf welchem Niveau diese Kooperation stattfinden kann, landet man immer wieder bei Mißverständnissen. Dann kann man die Kooperation auch ruhig abschreiben.

de la Motte-Haber: Ich wollte noch einen Satz zur Sinnfrage sagen. Wir müssen uns darüber im klaren sein, daß die Musik des 18. und 19. Jahrhunderts sich angeschickt hat, den Sinn des Transzendenten, des Absoluten darzustellen – ich will den Gottesbegriff vermeiden – und daß die Mathematik dieser Zeit, die Logik der Welt und nicht des Transzendenten zu erklären versucht. Das muß man überbrücken.

Epstein: Some comments on several things that have been raised: Dr. Götze posed the question of intuition. It strikes me that, certainly for artists and I suspect for many scientists as well, intuition is the most fundamental power we have, and the most fundamental power upon which we rely. By intuition I do not mean some sort of weak feeling that moves vaguely about, unable to grasp a concept precisely. Quite the opposite; it is that remarkable capacity that human beings seem to have for immediate and holistic comprehension. When intuition does not succeed when for instance a musical problem is for the moment too complex to grasp intuitively, this is when theory becomes necessary as a crutch, as an assist, as a help to intuition. There are numerous accounts of scientists and mathematicians as well as artists, who have worked on this intuitive level. A second point is concerned with a question that Maestro von Karajan posed about the musical score. It seems to me that a well written composition, in any style, sets its own contexts. The rules of these context are to some extent clear for example the context of tonality; the context of harmonic progression by which music will return to the a tonic and reduce and resolve tension; and so forth. These are clear. But there are numerous contexts in a work which are not clear, and which cannot possibly be spelled out by a score. One which will concern to all of us is that of sound. No score can fully identify and describe the sonority of a composition. That is something one senses in rehearsal and shapes through his own feeling of context and logic. Another is that of the intensity of sound so-called dynamics; and so forth and so on. Many composers have themselves stated that the score is only a partial guide to the piece, a very inadequate partial guide, I think, which depends upon these two elements of intuition and context.

Wille: Wir sind noch immer bei der Frage nach der Berührung der zwei Kulturen Musik und Mathematik. Wir unterscheiden uns, glaube ich, in der Beurteilung, wie weit sie sich berühren können.

Mazzola: Ich fühle mich natürlich durch Frau de la Motte ein bißchen herausgefordert. Als Mathematiker hatte mich das Adorno-Zitat, daß Beethoven mathematisch eine Verlegenheit sei, angespornt. Ich habe dann an einer mathematischen Musiktheorie gearbeitet und mich gefragt, wo ich denn diese im Hinblick auf die erwähnte musikalische Logik testen könnte. Glücklicher- oder unglücklicherweise, wie man es nimmt, habe ich das Opus 106 von Beethoven, die Hammerklaviersonate, gewählt. Ich sagte mir, wenn es da geht, dann geht es überall. Ich habe bisher nur den Allegro-Satz explizit analysiert mit der mathematischen Methode, die ich seither erarbeitet habe. Dazu möchte ich zwei Dinge sagen: Einerseits habe ich als zentralen Begriff einer mathematischen Musiktheorie gerade den Begriff der Interpretation wählen können, als Formalisierung der Vieldeutigkeit, die hier immer wieder unterstrichen worden ist. Zweitens ist deutlich geworden, daß die Vieldeutigkeit der Interpretation nicht unbedingt ein Widerspruch zur Eindeutigkeit der Logik ist. Es gibt nur eine Logik, der wir zugänglich sind. Ich glaube, auch Beethoven war der göttlichen Logik nicht zugänglich. Es mag sein, daß wir Hunderte von mathematischen Zeichen schreiben müßten, bevor wir ihn verstehen, sein Genie verstehen. Ich glaube, daß wir mit stärksten, formalen Mitteln ihm doch näherkommen könnten. Es gibt eine Logik der Vieldeutigkeit, die absolut formalisierbar ist und nicht dogmatisch sein muß. Das ist das erste, was ich sagen wollte. Das zweite nur kurz: Die Resultate von Ratz und Ude bezüglich der Analyse der Hammerklaviersonate – das sind dazu die ausführlichsten Arbeiten – konnten durch meine mathematische Arbeit vollkommen bestätigt, wenn nicht sogar präzisiert werden, und zwar auf 40 Seiten mathematischer Arbeit.

de la Motte-Haber: Ich will jetzt keine spezialisierte Diskussion anzetteln. Ich will Ihnen nur einen anderen Felsbrocken in den Weg räumen. Wir müssen davon ausgehen, daß das, was wir als musikalischen Sinn bezeichnen, sich aus zweierlei Schichten zusammensetzt. Aus einer, von der Sie vielleicht hoffen, daß Sie sie eventuell formalisieren können, von der ich wiederum glaube, daß sie in der gängigen Musiktheorie bereits hinreichend formalisiert ist, und von einer zweiten, der sogenannten expressiven Schicht, von der ich nicht glaube, daß sie sich überhaupt formalisieren läßt, weil Sie alles, was sozusagen an Affekt in der Musik vorhanden ist, nicht mit mathematischen Begriffen fassen können. Musikalischer Sinn konstituiert sich sowohl aus Strukturen des Zusammenhangs als auch aus einer affektiven Bedeutung. Letzteres wäre dann der Brocken, den Sie, glaube ich, nicht mit Ihren Methoden beiseite räumen können.

Wille: Wir sind hier vier Mathematiker, die an dem Gespräch beteiligt sind, und jeder von uns hat unterschiedliche Ansichten über das mögliche Zusammenwirken von Musik und Mathematik. Sie räumen vielleicht die Brocken in den Weg von einem oder zwei, falls er überhaupt im Weg von irgendwem liegt. Ich hatte es vorsichtig formuliert, daß wir zwei Kulturen haben, die sich weitgehend selbständig entwickelt haben. Die Ansichten darüber, wieweit sie sich überschneiden, wieweit sie sich durchdringen sollen, wie die Zukunft für ihr Verhältnis aussehen soll, sind sehr vielfältig. Auch unser Gespräch zeigt, daß das Verhältnis von Musik und Mathematik unterschiedlich gesehen werden kann.

Metzler: Beim Verhältnis von Mathematik und Musik handelt es sich um einen Spezialfall von Mathematik und Wirklichkeit, wenn ich Musik jetzt einmal als Wirklichkeit bezeichne, der sich der Mathematiker etwas zu nähern versucht. Es sind ein paar Abgrenzungen notwendig, die in aller Bescheidenheit zu bestimmen sind, aber auch mit Hoffnung. Das ist ein Stück mehr, als was ich vorhin sagte, daß man erst einmal von dem Zurkenntnisnehmen des gegenwärtigen Standes ausgehen soll. Mathematik wird Wirklichkeit nie voll erfassen. Betrachten wir die mathematische Geometrie. Sie fing im Altertum mit bescheidenen Versuchen an, die geometrische Wirklichkeit zu erfassen. Man bezeichnet dies auch als „lokales Ordnen". Dann konnte im Laufe der Jahrhunderte, ja Jahrtausende, ein beachtliches Stück an Hilfestellung für Menschen in allen möglichen Situationen zur Verfügung gestellt werden, was nie heißt, daß eine neue Situation nicht wieder eine neue Aufgabe bedeutet, in der man sich überlegen muß, ob Mathematik nicht wieder einen neuen Beitrag leisten kann. So ähnlich sehe ich es auch für die Mathematik in bezug auf die Musik. Nie würde ich den Versuch empfehlen, eine globale, alles umfassende Musiktheorie zu entwickeln, die abschließend alles erklärt. Aber immer wieder, wenn wir auf Phänomene stoßen, denen wir ansonsten vielleicht etwas hilfloser ausgeliefert sind und die Mathematik ein wenig klären kann, dann würde ich auf diese Klärung nicht verzichten. Sowohl als ausübender Musiker wie als ausübender Mathematiker halte ich jedoch Bescheidenheit gegenüber dem, was als Mathematik und Musik vor uns tritt, für das oberste Gebot.

Wille: Die Zeit ist schon sehr fortgeschritten, eigentlich weiter als geplant war. Ich glaube, wir haben sehr viel Anregung zum Weiterdiskutieren, zum Weiternachdenken bekommen. Es ist vielleicht gut, daß wir es im Moment dabei belassen. Wir werden heute nicht mehr die unterschiedlichen Meinungen vollends austragen können.

Vorstellung rechnergesteuerter Musikinstrumente

Die Beschäftigung mit dem Thema „Musik und Mathematik" war immer auch begleitet von dem Bau spezieller Versuchsinstrumente, an denen Zusammenhänge untersucht und demonstriert werden konnten. Heute ist es vor allem die vehemente Entwicklung im Bereich der Computer, die zu immer neuen Versuchsinstrumenten anregt. Aus diesem Grund wurde das Musikgespräch abgerundet durch die Vorstellung von zwei rechnergesteuerten Musikinstrumenten, die im Rahmen von Forschungsvorhaben zur mathematischen Musiktheorie entstanden sind. Das Instrument $\mathbb{M}(2,\mathbb{Z}) \setminus \mathbb{Z}^2$-o-scope wurde schon von Herrn Mazzola in einer Vorlesung zur mathematischen Musiktheorie an der Universität Zürich vorgeführt. Das Instrument MUTABOR wurde in Salzburg zum ersten Mal der Öffentlichkeit vorgestellt.

Guerino Mazzola

$\mathbb{M}(2,\mathbb{Z})\backslash\mathbb{Z}^2$-o-scope

Der formelhafte Name des Zürcher Musikcomputers kommt daher, daß das Gerät für Zwecke der mathematischen Musiktheorie erdacht und erbaut worden ist. Trotzdem ist die Funktionsweise der Maschine höchst anschaulich. Sie ermöglicht das erste Mal in der Geschichte der Musik, die geometrischen Veränderungen des optischen Erscheinungsbildes einer Partitur und das akustische Gegenstück der hörbaren Musik sofort und simultan visuell und auditiv erlebbar zu machen. Ein entsprechendes Patent ist angemeldet worden.

Der Musikcomputer ist folgendermaßen aufgebaut. Er besteht aus fünf Funktionseinheiten: einer zentralen Prozessoreinheit, einem Terminal, einem Peripheriegerät für musikspezifische Eingaben, einem großen Monitor und einem Tongenerator. Letzterer verfügt über einen Tonvorrat (Tonhöhen) von 88 Tönen, die wie ein Klavier gleichschwebend temperiert gestimmt sind. Es können beliebig viele der 88 Töne simultan erklingen. Lautstärke und Klangfarbe sind nur global für alle Töne einstellbar, können aber während des Abspielens eines Musikstücks verändert werden. Die Information, welche Töne wann und wie lange zu verklingen haben, bezieht der Tongenerator vom Prozessor.

Um ein Stück Musik in den Computer einzugeben, muß man das Monitorbild anschauen. Es zeigt einen quadratischen Ausschnitt aus einem ebenen Koordinatensystem, auf dem in x- und in y-Richtung 88 Einheiten eingetragen sind. Die x-Koordinate gibt die Einsatzzeit, die y-Koordinate die Tonhöhe eines Tones an. Einsatzzeit und Tonhöhe können also die Wert 1–88 annehmen. Über das Peripheriegerät wird ein Ton – von einer Partitur etwa – eingetippt, der dann als Punkt auf dem Koordinatensystem des Monitors erscheint.

Dazu muß man zuallererst eine Einheitszeit auf der Partitur wählen, von der alle vorkommenden Einsatzzeiten und Dauern ganzzahlige Vielfache sind, also etwa eine Achtelnote. Diese Einsatzzeit ist noch keine physikalische Zeit. Wie lange sie effektiv zu dauern hat, wird auf dem Peripheriegerät zusätzlich eingestellt. Diese Einstellung kann während des Abspielens der Musik kontinuierlich verändert werden.

Nun sind für jeden Ton der vorgegebenen Partitur die Tonhöhe, die Einsatzzeit und die Dauer je als ganze Zahl, letztere beiden als

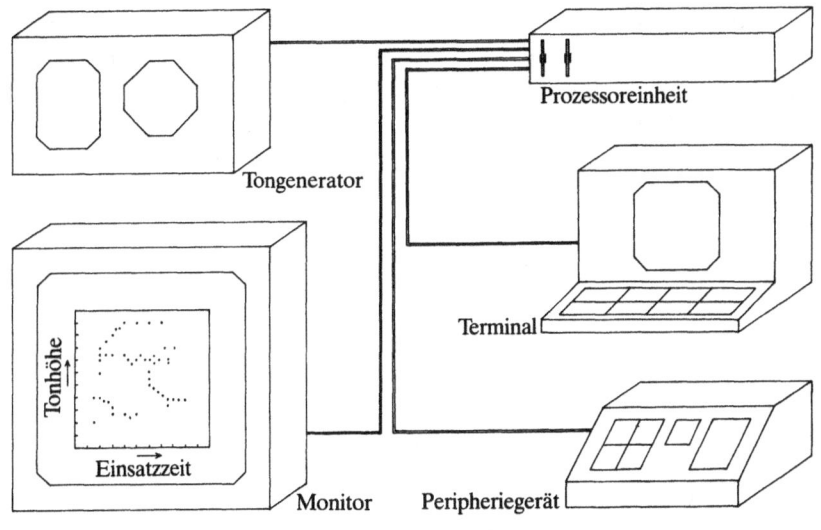

Abb. 14. Das $M(2,\mathbb{Z})\backslash\mathbb{Z}^2$-o-scope

Vielfache der Einheitszeit, bestimmt. Diese drei Daten (Werte von 1 bis 88) werden ins Peripheriegerät eingetippt. Auf dem Monitor erscheint ein Punkt der Ebene, die von Einsatzzeit und Tonhöhe aufgespannt ist. Die Dauer ist also nicht sichtbar, obwohl sie im Prozessor gespeichert ist. Die Einschränkung auf die fundamentalen Parameter Einsatzzeit und Tonhöhe hat Gründe, die aus der mathematischen Musiktheorie resultieren.

Wenn nun ein Partiturausschnitt fertig eingetippt ist, kann die so definierte Musik via Knopfdruck abgehört werden. Das Musikstück kann auf Disketten gespeichert und jederzeit abgerufen werden.

Wenn der Partiturausschnitt (etwa 7 Takte einer normalen Klavierpartitur) als Punktekonfiguration auf der Monitorfläche vorliegt, kann diese Konfiguration sämtlichen Transformationen der ebenen affinen Geometrie (mit ganzen Koeffizienten) unterzogen werden. Darunter fallen insbesondere Spiegelungen an horizontalen und vertikalen Achsen, Translationen in x- und y-Richtung, Drehungen um Vielfache von 90°, Scherungen, Streckungen, Drehstreckungen etc. Die Daten der Transformationen sind auf dem Peripheriegerät in Matrizenform einzugeben. Die innerhalb einer halben Sekunde transformierte Punktkonfiguration erscheint auf dem Monitor und entspricht wiederum einer Abfolge von Tönen, sie kann sofort abgehört werden. Ebenso wie die ursprüngliche Konfiguration läßt sie sich auf Disketten speichern.

Man kann zeigen, daß alle affinen Transformationen als Kombinationen von musiktheoretisch sinnvollen Operationen interpretierbar sind, nämlich von Transposition, Umkehrung, Parameteraustausch, Arpeggio und Vergrößerung.

Bernhard Ganter, Hartmut Henkel, Rudolf Wille

MUTABOR

MUTABOR (MUTierende Automatisch Betriebene ORgel) ist ein rechnergesteuertes Musikinstrument, das für die Untersuchung von Stimmungen gebaut wurde. Derartige Untersuchungen werden im Rahmen des Forschungsvorhabens „Mathematische Musiktheorie" an der Technischen Hochschule Darmstadt durchgeführt. Das Instrument MUTABOR wurde in Zusammenarbeit mit dem Institut für Übertragungstechnik und Elektroakustik der TH Darmstadt entwickelt und fertiggestellt.

Das Instrument besteht aus einer elektronischen Orgel mit Lautsprechern zur Klangabgabe sowie einem Mikrocomputer mit Terminal zur Programmeingabe. Die elektronische Orgel besitzt außer der Klaviatur frequenzprogammierbare Generatoren, ein Tongatter sowie Baugruppen zur Klangformung und Leistungsverstärkung. Beim Musizieren schaltet das Tongatter die zu den Tasten gehörenden Töne von den Generatoren zur Klangformung und Leistungsverstärkung durch, wonach die Klänge vom Lautsprecher abgestrahlt werden. Der Mikrocomputer, der in geeigneter Weise mit der Orgel gekoppelt ist, übernimmt die Abfrage und Ansteuerung der Klaviatur, die Einstellung der Generatoren sowie die Bereithaltung programmierter Stimmungslogiken. Zum Speichern steht ein Diskettenlaufwerk zur Verfügung.

Entscheidend ist die Fähigkeit von MUTABOR, die Tonhöhen erst nach jeweiligem Tastenanschlag ohne hörbaren Zeitverzug berechnen und akustisch umsetzen zu können. Dadurch ist es möglich, daß eine Taste beim Musizieren auf MUTABOR je nach Zusammenhang unterschiedliche Tonhöhen abrufen kann. Diese unterschiedlichen Tonhöhen werden nach einem Regelsystem berechnet, das wir eine „Stimmungslogik" nennen. Das Ergebnis einer solchen Logik bezeichnen wir als eine „mutierende Stimmung".

Schon Leonhard Euler hat seine musiktheoretischen Überlegungen auf der Erkenntnis aufgebaut, daß Tonhöhen beim Musikhören im wahrzunehmenden Bewußtsein zurechtgehört werden. Diese Erkenntnis kann man auch so interpretieren, daß der Mensch im Sinne einer mutierenden Stimmung hört. Daß noch heute weitgehend unbekannt

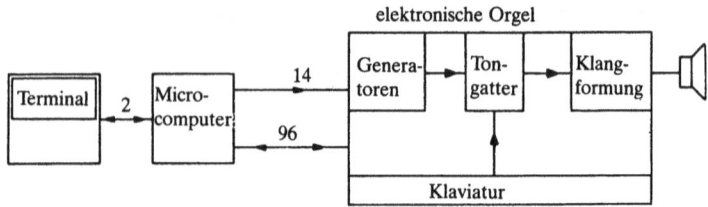

Abb. 15. Aufbau des Instruments MUTABOR

ist, nach welchen Regeln Musik zurechtgehört wird, das war der Anlaß zum Bau von MUTABOR. Als Bezugssysteme für die Erklärung musikalischer Tonhöhenwahrnehmung werden immer wieder reine Tonsysteme vorgeschlagen. So legt etwa der Musikwissenschaftler Martin Vogel seinen Untersuchungen das reine Tonsystem zugrunde, das man aus einem Bezugston durch wiederholtes Abtragen der Intervalle Oktave (2:1), Quinte (3:2), große Terz (5:4) und Naturseptime (7:4) erhält. In seinem Buch „Die Lehre von den Tonbeziehungen" hat Vogel den ersten expliziten Vorschlag für eine mutierende Stimmung angegeben.

Erste Versuche mit MUTABOR haben gezeigt, daß Vogels mutierende Stimmung in manchem überzeugen, jedoch im Ganzen nicht akzeptiert werden kann. Es scheint überhaupt notwendig, daß zunächst erheblich mehr Erfahrungen gesammelt werden müssen. So wurde erst einmal ein Demonstrations- und Arbeitsprogramm für MUTABOR geschrieben, das auch vielfältige Wünsche, die das Instrument schon jetzt bei Musikern hervorgerufen hat, berücksichtigt. Das Programm bietet über den Bildschirm verschiedene Spielmöglichkeiten an, die „auf Knopfdruck" abgerufen werden können. Dem Benutzer wird z. B. eine Liste von Quartenteilungen antik-griechischer Tonleitern angeboten, die er jeweils durch einen kurzen Befehl auf die Tastatur legen kann. Die wichtigsten Stimmungen der Renaissance und des Barock können zur vergleichenden Realisierung eines einmal eingespielten Musikstückes abgerufen werden. Die Tasten können auch einzeln nach Gehör eingestimmt und ihre Tonhöhen nachher am Rechner abgefragt werden. Für den Entwurf und die Erprobung von mutierenden Stimmungen wäre eine musikorientierte Programmiersprache wünschenswert, die bisher noch nicht für MUTABOR entwickelt ist.

Unschwer lassen sich musikalische Abläufe in ihrer Zeit- und Tonhöhenstruktur verändern. So kann man z.B. Tonschritte um einen festen Faktor vergrößern bzw. verkleinern, so daß von einem eingegebenen

Musikstück eine Version in Dritteltönen, Vierteltönen usw. abgehört werden kann. Auch Symmetrieoperationen wie Transposition, Spiegelung und Krebs können durch einfache Programmbefehle durchgeführt werden.

Das Instrument MUTABOR erfüllt bestens die Ansprüche, die in Hinblick auf die projektierten Untersuchungen gestellt werden. Dazu hat seine vielseitige Verwendbarkeit schon jetzt auch unerwartete Aktivitäten ausgelöst. Insbesondere ist der Wunsch entstanden, die Klangformung so auszubauen, daß MUTABOR nicht nur als Versuchsinstrument nützlich ist, sondern sich auch für Konzertaufführungen eignet.